新文京開發出版股份有限公司

NEW
WCDP

新世紀・新視野・新文京 ― 精選教科書・考試用書・專業參考書

New Wun Ching Developmental Publishing Co., Ltd.

New Age · New Choice · The Best Selected Educational Publications — NEW WCDP

劉亦欣 編著

管理
心理學
實務與應用

FOURTH
EDITION

第**4**版

PRACTICE AND APPLICATION OF
MANAGEMENT PSYCHOLOGY

　　2020年COVID-19疫情影響全球！「遠距上班」儼然成為公司與員工的新挑戰？管理將面對前所未有的考驗，當辦公室的團隊在不同地方工作，主管該如何領導？很可能每個員工想的事情都截然不同，在家上班的協調溝通，也可能造成許多問題，試想現在的你，是一家企業的主管，但當看不見的趨勢與威脅來臨時，你能使員工立即發揮長才嗎？當每個人都在思考去留，或者企業因趨勢必須調整營運，你可以安撫得了員工嗎？一般來說，管理的技巧可以在風平浪靜的時候發揮，但是當遇到企業的危機時，管理者如何「用心帶領」、「用心出發」？因此「管理心理學」是身為管理者必須了解的重要學科，它有別於管理與人力資源管理，主要的差異在於管理心理學是心理科學與行為科學的結合，它非單指心理學理論探討，而是心理學中的應用理論科學，主要研究組織管理活動中人的心理過程與心理效應，進一步揭開人的心理規律和行為規律，俗語說：「一種米養百種人。」每一個人都是獨特的個體，每個人的心理並非三言兩語所能涵蓋的，因此，主管必須從員工心理層面了解，才能給予員工最適切的領導方式。面對網路化、全球化、AI的趨勢，許多無形資產都儲存在每位員工身上，就如同企業推行知識管理，若沒有掌握帶心的原則，又如何分享智慧及留住人才！

　　本書除了管理心理學的理論介紹外，特別加入了職場故事「現場直擊」做為管理心理理論的練習，同時書中穿插「心靈小站」的單元，藉此也讓你做一番心靈沉澱，畢竟「管理心理學」也是自己心靈的省思，希望藉由本書，能讓你更加了解「員工」及更懂得老闆的心；此外「心靈劇場」單元是模擬個案中不同角色，讓我們藉由揣摩過程了解到不同立場的心聲，讓你我在辦公室中，更加明白相處的藝術，四版將實務案例全面更新，掌握最新趨勢。本書竭誠歡迎非心理系的管理人才或各商科人士使用，希望以深入淺出的方式，引起您更多的共鳴。

　　本書雖經仔細校正，仍恐有疏漏之處，還盼各位先進不吝指正。

劉亦欣 謹識

劉亦欣

學歷
英國Heriot-Watt University 博士研究
政治大學教育系博士候選人
英國Leicester University 企管碩士

現職
政治大學創新育成中心 創業課程教師
政治大學創新育成中心業師、評審
東吳大學推廣部行銷企劃／網路行銷教師
勞動部授課師資：教授國際企業管理 網路行銷
業界顧問
教育訓練講師

經歷
東吳大學推廣部企貿班主任
東吳大學推廣部數位人才班主任
東吳大學推廣部企業包班師資：太平洋百貨、日勝生集團、FORA等
勞委會職訓局「產業人才投資方案」講師
英國倫敦商會 行銷證照授課講師
龍華科技大學企管系專任教師
龍華科技大學財金系專任教師
元智大學財金系兼任講師
阿波羅證券投資信託公司 貴賓理財部襄理

專業領域
1. 企業管理
2. 行銷企劃實務
3. 創業教育與輔導
4. 教育訓練

專書
《管理心理學實務與應用》、《行銷管理實務與應用》、
《網路行銷》、《金融服務行銷》、職場書籍等。

如何使用本書

　　這一門「管理心理學」是各大專院校商學院近來增設的學科，為何在「管理學」課程外，又加添了這一門心理課程呢？主要因「人」是一個有趣的主角，在今天科技化的知識經濟時代，每一個人時時在接受變化，也隨時在改變中成長，從前許多管理大師所提倡的管理方法，已無法完全適用，也許在管理方向可以擬出正確的決策，但面對各式各樣的員工及企業不同的合作夥伴，管理心理素養的提升已是刻不容緩的要事。而管理與管理心理真正的差別在哪裡呢？至今，許多在人力資源部門的經理人士，皆會面臨以下問題，例如：為何公司在完善制度下仍無法提升員工向心力或是公司內部工作氣氛總是低迷不振，但人力資源部也已協助加強其激勵制度等，以上都是反映出「管理」不再只是停留在表面而己，應該深入員工的心理層面。更重要的是，身為管理者是否真正了解自己心理層面的情形，以及您是否已察覺部屬的困難？因此，「管理心理學」課程可說是管理與人力資源管理等課程外的輔助教材，可讓您體認到許多制度是建立在人力資源運用外的管理心理學範疇，它會是一種審視與修正的角色，陪伴您在管理中發現自我與肯定員工，更重要的是發揮組織極致的潛能與目標達成。為讓您輕鬆使用本書，各章的首頁皆放入「學習目標」，告訴您本章的核心思想，每一節後則依主題需要，放入職場話題供讀者作思考，旁邊的「心靈小站」可引導讀者稍作沉澱，回想自己在管理上的點滴或者可記下您的看法，留待閱讀結束後做筆記整理，文中也另外企劃管理心理方面的角色扮演，「心靈劇場」讓您嘗試體會每一個角色的心理，此外也加入符合時勢的報章雜誌，提供讀者做理論實務之印證，在經歷了該章內容與想法學習後，請您用心練習「自我省思」題庫，將文中所學再次印證，相信透過題目的練習，「管理心理學」才能真實融合於您的身上與所扮演的角色之中。

Contents 目 錄

心靈小站目錄

上班族充電站目錄

職│場│話│題│目│錄

現│場│直│擊│目│錄

管理心理學概論

學習目標

- 介紹管理心理學的起源與發展。
- 探討管理心理學的研究對象與研究方法。
- 介紹管理心理學與其他領域的關係。

名人語錄　我們不但創造了自己的行業，也創造了我們客戶的行業。
（台灣積體電路董事長張忠謀，摘錄自93.5.8工商時報）

資料來源：突破雜誌第 227 期 P106

第一節　前言

　　當你初次看到「管理心理學」的字眼時，你是否會想到自己是否置身在心理系？也許你也會想到應該是「管理學」，然而這種想法正是現在許多商學院陸續開設管理心理學課程的原因，的確「人」是企業重視的一項資產，在提倡知識管理的趨勢下，企業經理人都大嘆一個問題，就是「管理」太難了，因太多員工的想法是很難掌握的，的確，每個員工的外在與內在之差異，絕非單靠「管理」就能圓滿達成目標，員工個體的改變，整個組織的改變，是在時間中點滴形成的，因此，自處現今的時代，倘若不從「心」開始，光憑一股衝勁或壓力，是很難激勵員工，「管理心理學」將會是提升你管理的技巧以及強化你判斷的敏銳力，本章先介紹管理心理學的起源與發展歷程，同時讓你了解研究對象與研究方法，更重要的是介紹你如何結合其他相關領域並加以落實應用。

第二節　管理心理學的起源與發展

　　管理心理學(Managerial Psychology)是研究與組織管理活動有關之員工的心理和行為問題，探討其規律並應用於管理實務，從而提高組織工作效率的科學。

　　一般來說，「管理心理學」的起源各學派皆有不同說法，我們可以先從工業心理學談起，在泰勒提倡了科學管理制度之後，引起當時社會對「科學管理」的高度重視，大家皆將注意力放在機器設備方面，顯少有人重視工人的心理狀態，「科學管理」重視產量勝於工人個別的感覺，最先開始將心理學應用於工業管理的心理學家斯特恩(L.W. Stern)在1903年提出了「心理技術學」的理念；而真正進入具體研究的學者卻是閔斯特伯格(Hugo Munstber Berg, 1863~1916)，後人也尊稱他為「工業心理」之父，他在1912年出版「心理學與經濟生活」一書，翌年，該書被譯成「心理學與工業效率」，他主張心理適應工作，同時改善條件以提高生產率，因此「心理學與工業效率」成為管理心理學發展史上的第一塊里程碑，代表工業心理學正式誕生。二十世紀二十年代，在社會心理學的理論和研究得到發展的背景下，工業心理學研究中最為著

名的是「霍桑實驗」所揭示的事實和理論。研究結果，為提高組織的效率，除了人與機器和人與事的配合以外，還必須解決工作群體內人與人的配合問題，重視群體中良好人際關係的作用。在這一時期，工業心理學開始轉向社會群體心理、人際交往關係的研究，可以稱為工業社會心理學研究。在此基礎上逐漸對人的心理和行為開始進行綜合探索、試驗和解釋，不知不覺中開創了「管理心理學」的道路，因為在霍桑實驗基礎上建立的人際關係理論，大大刺激了對工作組織中人的需要、動機、激勵等問題，及在組織管理中的「人性」問題與組織內領導方式等一系列問題的研究，因此也產生了如勒溫(K. Lewin)的群體動力學、雷諾(J.L. Moreno)的社會測量學、馬斯洛(H. Maslow, 1908~1970)的需要層次理論等許多理論和測量技術。這使一般人認識到除了人事配合及勞動操作科學化外，還必須解決人員激勵、人員協調、工作群體間協調及一系列對工作效率影響極大的問題。正是在這種背景下，著名心理學家李維特(H.J. Leavitt, 1958)用「管理心理學」這一名稱取代了「工業心理學」，管理心理學就此成為心理科學體系中一門獨立的分支科學。這是管理心理學發展史上的第二塊里程碑。

第二次世界大戰後的十幾、二十年間，資本主義世界科學發展日新月異，社會化生產規模日益擴大，各個社會組織的聯繫也因而日益密切，組織同時面臨著內部環境和外部環境的雙重挑戰。三十年代時，一般系統論的觀點已深入人心，管理科學也已引入系統分析思想，正是在這樣的趨勢下，1964年李維特在總結各方面研究成果的基礎上，發表了一篇題為《組織心理學》的文章，他認為管理心理學的研究已進一步擴大到整個組織系統，涉及組織中的溝通、決策及組織結構設計等更廣泛的組織管理問題。1966年巴斯(B. M. Bass)和雪恩(E. H. Schein)各自出版了《組織心理學》，此項成果已成了管理心理學發展史上的第三塊里程碑。

到了二十世紀六、七十年代，組織日益受到政治、經濟、文化等多方面因素的影響，組織研究也逐漸成為跨學科的研究。這些研究涉及組織系統及其子系統的活動，並從系統的最終輸出－行為的角度著手。在這種情形下，六十年代末、七十年代初出現了「組織行為學」的概念。美

光外型不同、個性不同，當然領導方式也有其不同。不論你是員工還是主管，了解管理心理學有其必要，以利實務應用

國著名管理學家、行為科學家杜布林(A.J. Dubrin)把組織行為學定義為系統研究組織環境中所有成員的行為，以個體、群體、整個組織及其外部環境的相互作用的行為作為研究對象的科學。組織行為學成為管理心理學發展史上的第四塊里程碑。從工業心理學到管理心理學、組織心理學，再到組織行為學，這一過程反映了管理心理學研究領域不斷擴大的歷程。隨著管理實踐的發展和認識的深化，管理心理學的研究必將在廣度和深度上不斷發展。因此在這裡我們要提出的是，雖然管理理論中有些觀點認為，管理心理學與組織行為學是兩門既有聯繫又有區別的相關學科。但我們認為兩者儘管在具體研究內容的重點上有所不同，但隨著管理心理學的範圍不斷擴大，兩者就可能趨於一致。諾貝爾獎金得主西蒙教授在1980年就認為：「在管理心理學和組織行為學之間，可能別人認為不同，我沒有看到有真正的差別。」

停下來，等等我們的靈魂

有一個富豪許久未曾到非洲打獵，終於盼到了假期，便僱用了許多當地的土著，前三天大家皆快樂的扛著行李前進，但到了第四天時，這些土著卻拒絕再往前走，富豪很疑惑難道他們嫌累了嗎？或者其他原因，正當富豪不解時，有一個土著向前告訴富豪說：「三天來我們在森林中趕路」，今天大家都必須停一下等我們靈魂趕上身體。

這個小故事是否令我們想到，當公司在旺季忙得不可開交時，我們甚至要求員工不准請假，否則會影響考績，看完這一則小故事，能給你我提醒。

想一想，近來在自己的社團或公司，有哪一件事令大家有如土著們的心聲，寫下來並分析其影響？

※心靈筆記※

_____

_____

_____

_____

職｜場｜話｜題

來自大自然的管理靈感

　　企業管理思維範圍十分廣泛，不管是企業或經營者，在他們用心提出的各項策略、方針，總是希望能深植員工及顧客心中，企業經常舉辦許多宣傳活動及教育訓練，無不希望能將種種管理思維，逐一落實在管理實務之中。

　　而運用大自然的事物來包裝管理思維，一般人皆能理解，因此在落實於管理實務的過程中，也不易產生隔閡及誤解，甚至有時還能吸引媒體報導，擴大其影響性。

　　一般而言，企業用來詮釋及實踐管理思維的大自然，大概可分為無生命（如山、空氣）、植物（樹、花）及動物（如鳥、獅、虎），為因應不同的管理需求，在引用大自然事物上也展現不同的選擇。

使企業識別更顯著

＊自然篇

　　玉山銀行於一九九二年創辦前三年，即已開始積極尋找最恰當的企業識別系統，而基於「經營一家最好的銀行」的理念，最後決定以玉山這座海拔三千九百五十二公尺的台灣最高峰為企業識別系統，就是希望能與「最高的山與最好的銀行」、「最美的山與最愛的銀行」的聯想相結合，從近來的電視廣告、玉山銀行不斷呈現出玉山的雄偉及傳遞銀行的企圖心。

＊植物篇

　　植物不但具有生生不息的力量，且往往有著「生命力」的象徵，因此也有不少企業以其來凸顯企業永續經營的理念。以國泰金控集團為例，其商標「霖園」大樹就標榜充滿旺盛生命力及孕育滋養萬物而生生不息，深具往下紮根，向上成長的涵義。

　　國泰金控執行長李長庚更曾以「大樹一定要站得穩，才能撐住繁茂的枝葉」，形容國泰金控紮實穩健的營運精神，更進一步以「大樹底下，供人乘涼」，詮釋國泰對於員工、客戶及社會的回饋態度。

讓企業策略更鮮明

　　除了上述企業積極引用大自然事物作為企業識別系統以外，許多企業在擬定策略時，也往往引用動物為譬喻，讓企業內外都能清楚理解策略用意，並且加以實施。以華碩為例，曾經以「巨獅理論」（大力拓展市場占有率）、「金鵝計畫」（降低採購成本）與「銀豹策略」（以創新技術迅速切進利基市場）等，雖然這些策略說穿了是許多企業因應競爭都會制訂的策略，但透過大自然事物作為包裝後，不但較容易讓員工及客戶熟悉，更使其輕易登上大幅媒體版面，對於華碩策略的推廣，有著無形中的幫助。

　　向大自然學管理不能只是表面工夫，而是必須與企業之命名、理念、文化、願景等相契合。

　　郭台銘也曾以「寒冬中的孤雁」來形容自己，因為「寒冬裡的一隻孤雁，要覓食，要在逆風中找好一個安全的落腳點，就只有努力地飛，飛得越高越好。因為唯有如此，牠才能生存下去。」也因此，面臨市場不景氣時期的鴻海，即使景氣冷颼颼，鴻海依然能夠飛得又高又遠，就算孤單也不在乎，充分表現鴻海的競爭力。

　　另外，廣達電腦董事長林百里也曾以「烏龜哲學」做為企業的經營哲學，一步一腳印，務實穩健的往前走，並且成為那隻和兔子賽跑中，堅持到最後勝利的烏龜。

　　而當廣達業績一飛沖天時，林百里也是以「就像烏龜長了翅膀」來形容，更曾以「飛天烏龜」自比，顯然想了解廣達及林百里，恐怕研究烏龜的生態還比較容易。

自然就是美

　　雖然向大自然學管理，有著許多好處，但不能只是作表面工夫，而是必須與企業命名、理念、文化、願景等相契合，再進一步成為制度的一環，唯有一脈相承，脈絡分明，才能讓企業內外部都能對於管理思維有深刻的體認。

資料來源：楊迺仁，管理雜誌，第 358 期，P82~85

第三節 管理心理學之研究對象與研究方法

　　管理心理學的研究對象，主要包括三大方面，首先為個體心理方面，探討員工個人行為與心理，好比個人本身的知覺、態度、性格、學習等，第二對象為群體心理，一個群體是由多數的個體所形成，每位員工之間的互動關係也都直接影響到群體本身，身為一位管理者，群體心理的養成與掌握會是你最主要的考驗，第三對象為組織心理，探討組織不管內部或外部，其組織的心理條件絕對是企業經營不可忽視的。尤其近年來，金控集團的成立，促使多組織需面對組織的變革。整體來說，「管理心理學」是研究組織活動中人的心理及其規律性，同時應用於管理實務與行為，進一步提升工作效率與管理效能。

　　既然管理心理學涵蓋了員工個體本身、群體與組織，到底要使用何種研究方法才能找出獲得結果？一般來說，管理心理學的採用的研究方法包括了：

1. 觀察法

　　研究者有計畫地直接觀察研究對象的行為，並將觀察結果按時間順序作系統記錄的研究方法。

　　目前觀察者往往借助各種視聽輔助器材，在實際情境中進行觀察時，可按被觀察者所處的情境特點分為「自然觀察」和「控制觀察」。「自然觀察」是在完全自然的條件下進行的觀察，被觀察者一般不知道自己正處於被觀察狀態。控制觀察是在限定條件下所進行的觀察，被觀察者可能了解，也可能不了解自己正處於被觀察者的地位。

　　觀察法按觀察者與被觀察者之間的關係，還可以分為「參與觀察」和「非參與觀察」。觀察法方便易行，所得材料較為真實、客觀、系統，但它僅能搜集一些表面現象的資料以供分析，而無法直接了解人真實的內心世界。

　　所以建議管理者儘量不要只以此種方法做參考依據，以免過於主觀，例如有些員工可能會有一段時間面臨工作疲倦，或許從員工的表情與態度稍嫌消沉，但不能完全代表他對工作的態度。

2. 實驗法

指研究者在嚴格控制或已事先設定一定條件的環境中，有目的地給予測試者一定刺激以引發其心理現象，從而進行研究的方法。

實驗法依實驗場所的性質差異可分為「實驗室實驗」和「現場實驗」兩種。實驗室實驗是在專門的實驗室內，藉助各種專門的儀器設備進行。其控制條件嚴密，操作程式固定，易獲得精確結論，且可以反覆驗證。但實驗條件的設定有很大的人為性，故所得結果可能與實際工作情境中的情況存在一定的差距。而現場實驗是在實際活動現場，透過適當控制情境條件或設定某些條件來研究人的心理活動規律的方法。其實驗結果具有較大的實際意義，但現實活動場所的具體條件複雜，不易精密地控制，所以一定要有周密的計畫，並堅持長期觀察研究。

3. 訪談法

指研究者透過與被研究者面對面或以其他方式的口頭資訊溝通，直接了解其心理狀態和行為特徵的方法。

根據談話結構模式的不同，可將訪談法分為「有組織的訪談」和「無組織的訪談」。有組織的訪談結構嚴密、層次分明、談話模式固定。研究者根據預先擬定的提綱提問，被研究者則有目的性地加以作答。無組織的訪談雖有目標但組織結構鬆散、層次交錯、隨問隨答。

訪談法簡單容易實行，因而使用範圍較廣。但訪談涉及談話雙方的互動，因此所得材料的完整性和深度，往往取決於訪談者的提問技巧和交談者之間的人際關係。

4. 問卷法

指使用內容明確的問卷量表，要求被試者根據個人情況自行選擇答案的研究方法。

常用的問卷量表主要有三種形式，即「是非法」、「選擇法」、「等級排列法」。

(1) 是非法要求被研究者對問卷每一題目作出「是」或「否」的回答，不要存在於模擬兩可的中間狀態。

如：你覺得你的能力在工作中得到發揮了嗎？

是□　否□

(2) 選擇法要求被研究者從所列的選項中按要求作出選擇。

如：你對自己的工作滿意嗎？

很滿意□　　滿　意□　　不知道□

不滿意□　　很不滿意□

(3) 等級排列法要求被研究者對各種可供選擇的答案，按其重要程度的次序加以排列。

如：我最喜歡的獎勵方式是…榮譽表彰、獎金、培訓學習、休假、旅遊。

有效的問卷法能在短時間內取得大量有關心理現象的資料，同時結果容易量化，利於統計分析和檢驗，但被研究者的主客觀因素，如社會掩飾性、文字理解能力差等，往往會使所得資料的真實程度受到影響。

5. 測驗法

指採用標準的心理測驗量表或精密儀器來測量被試者有關心理品質和行為特徵的方法。如：人格測驗、智力測驗、機械能力測驗、駕駛員反應能力測驗等。

測驗法必須由訓練有素的專業人員進行，而且要注意測驗量表對不同人群的適用性。測驗法常常用作員工選擇，人員安置的一種工具。採用標準化的測驗工具，一定要注意信度與效度的問題。

6. 個案法

指在較長時間裡單獨對某一個體、群體或組織進行調查，全面搜集資料，研究其心理和行為發展變化過程的方法。

例如，研究者對某領導者進行較長時間的調查研究，掌握其能力水準、領導風格、等主要因素，並在此基礎上進行深入分析，整理出反映該領導特質的詳細資料，個案產生的過程就是個案研究過程。個案研究歷時較長，其間會產生許多難以預測和控制的因素。

7. 作品分析法

指對被研究者的勞動產出、業務活動資料、工作成果進行觀察分析，從而了解其心理活動與行為特點的方法。它常用於揭示個體的技能水平、工作態度、個性特徵及群體的團結合作程度和作風嚴謹程度。

8. 類比法

又稱情境類比測驗，是一種識別選擇管理人員的方法。這種方法是按特定的工作現場情境，設置情境實驗室，並配備若干經過專門訓練的助手，在不同情況下，充當不同的角色，對被試者進行處理作業測驗、角色扮演測驗和相互作用練習，然後根據被試者的表現，對被試者的領導能力進行綜合評估。

以上各種研究方法都存在著各自的優缺點，因此在實際研究中應根據研究主題和具體情境選擇一種或幾種方法，以期截長補短，相得益彰。

職︱場︱話︱題

向植物學管理

許多時候，我們不難從動物、植物或大自然發現管理的靈感…

從熱帶雨林的生態學企業發展型態

同樣是雨林，卻有兩種截然不同的生存模式。一種為「特土庫若雨林」，以短矮的灌木叢與植物為主，它們生長快速，且能夠產生許多種子來繁殖，族群的核心策略就能大量的繁殖，在過量繁殖的情況下，又加上資源不足，生物的生存空間形成排擠效應，在林內往往可以看到佈滿腐爛的植物與動物屍體，相較於其他古老林區，生命期並不長久。

另一種為「科可瓦索雨林」，它是屬於古老的森林，這種族群的生存策略是將個別的優勢發展到最完美的地步，雖然茂密的樹葉遮避了百分之九十的陽光，植物為了生存，會拼命努力地向上伸展、生長，以吸收有限的陽光，整個林區的植物也因此向上移動與成長。

企業成長的環境就像熱帶雨林一樣，而企業發展的型態也形形色色，若以生命長短來看，成長快速、生命週期短的「特土庫若雨林」，代表企業為了快速擴張版圖，在全球各地毫無節制地投資，造成資金需求量變大，若碰到景氣下滑，營業狀況不如預期，資金馬上就陷入惡性循環的經營困境中。

很顯然地，「科可瓦索雨林」就如長青的企業一樣，它們除了不斷地提升生存優勢外，也不忘與環境和諧相處，營造一個共存共榮的生存空間。

從熱帶雨林學習的多樣性學行銷

在熱帶雨林中，多樣化的植物會帶來選擇性，因有選擇性，就會帶來彈性與持續性。每一種生物皆擅長在某一特定的生態區位中生存，也就是說，在此生態區位中，它們比起其他生物更有效率地發揮功能。

企業也一樣，多樣化使得一家公司可以選擇能使它們變得更有效率，可以以小博大、以少博多。

在一九七〇年，可口可樂一心一意只生產一種可口可樂，全世界的人都喝同一罐。但現在他們認為，一個系統是否可以存留下來，主要是看它所產生的種類是否夠多，至少可以和環境所帶來的威脅一樣多，因為想要在全球市場上長期享有成功的滋味，必須尋找更多的潛在市場，符合不同種族或國籍之消費者的需求，就是要廣泛地符合不同的消費市場。

現在，可口可樂不再把全部的資源投資在它最具代表性的口味上，而是擴展出一百七十個品牌，並鼓勵各地的製造業者考量各地市場及文化上的需求，推出更多品牌的可口可樂。

從熱帶雨林的四季學生命週期

組織經營週期就像四季循環、會經過春耕、夏耘、秋收、冬藏的道理一樣。企業從創業、成長到組織再造，然後再創造企業績效，年終驗收成果，也像植物生長過程一樣，會經過創新、成長、改良，釋放四個階段。

「四季管理系統」可以告訴我們如何達到這個目標，它的基本概念很簡單，最大的不同是，每個企業都應該被看成一個生命體，它會誕生、成長、成熟、死亡，每個時期不同，因此每個時期需要運用的管理策略也不同。

從紅杉林的長壽學永續經營

美國加利福尼亞州的紅杉林被經濟學家稱為永續經營的經濟體模型，它們經過數十億年的千錘百鍊，卻仍活躍在地球上。林內即使沒有陽光，樹苗也能夠忍受陰暗無光的生長環境繼續長大。

生態學家特別列出紅杉林十項長壽的原因，而這十項也可以用為企業的致勝關鍵，包括「聚集並有效地使用能源」、「展現多元風貌，互助合作以便充分利用棲息地」、「不汙染自己的巢穴」、「最佳化而非最大化」、「將廢棄物作當作資源」、「節約使用資源」、「不耗減資源」、「與生物圈保持平衡關係」、「靠訊息運作」、「就近運作」。

資料來源：李宜萍，管理雜誌，第 358 期，P68~72

職│場│話│題

向動物學管理

從大山貓學投資報酬率

在寒帶地區有一種體型壯碩的大山貓，從牠們身上可以學到「投資報酬率」。

大山貓吃野兔，也吃馴鹿，當牠們在捕食獵物時，會先考慮熱量的得與失，如牠們追捕一隻野兔，若追了兩百公尺還追不上，就會選擇放棄，因為即使追到了，吃掉野兔所產生的熱量，也不及所消耗的熱量；但是若追馴鹿，就會表現牠的毅力和恆心，因為追再久也划得來。

就像企業在進行投資時，必須衡量自己的資源與實力有多少，先設定停損點，當投資超過預期報酬時，就應該停止繼續投入，以免落到得不償失的下場。

從老鷹學決策力

當我們在形容領導者的決策力時，往往會以「老鷹般銳利」來形容，實際上，老鷹的視覺敏銳度的確高於人類八倍，可以從高處精準地判斷地上物與自己的距離，有利於高速飛行。

人的眼睛視覺暫留的時間約為二十四分之一秒，老鷹約二百分之一秒，也就是一秒鐘放映二十四張照片對人來說，會形成一秒鐘的動態影片，老鷹可以放映二百張，還留存記憶，所以當牠們看見地上有一隻老鼠奔跑時，牠們可以用目測準確地算出獵食所需要的速度。

管理者的「經驗」與「知識」就像進行決策判斷時所停留的「影像」，經驗、知識越豐富，越能夠掌握準確與快速，相對也能掌握更多有利的機會。

從螃蟹學組織重整

組織越來越大時，原來的組織架構並無法適用，此刻就必須像螃蟹一樣，脫掉舊殼換上新殼。

螃蟹的外殼，並無法隨著身體的成長而擴大，克服此難題的方法，就是要定期脫殼。就如組織再造，在破壞舊組織架構之前，一定要先將新組織的基礎工程建立起來，並且保留組織原來有用的資源，以建立一個更適合現在環境與未來發展的新組織。

從駱駝學管理

從駱駝學集中資源管理，當企業碰到景氣不佳時，經營上就要學駱駝的生存之道。

沙漠中的駱駝一向以耐渴及耐熱聞名，其實駱駝的駝峰主要儲存脂肪，當全身流失水分及熱量時，駝峰裡可以長時間提供能源與液體。

從蜘蛛、蝴蝶、壁虎、鮑魚學習創新研發

蜘蛛絲製成防彈衣

蜘蛛張網捕蟲是千年以來不變的現象，但是科學家卻好奇於蜘蛛所吐的細絲，為什麼能夠成為誘捕飛蟲的武器，因此想研究蜘蛛絲的構造，結果發現，蜘蛛絲的強韌度比鋼絲強五倍，甚至比防彈背心的材料耐用度高，因此決定大量製造。

鮑魚殼變成強力擋風玻璃

鮑魚的外殼是土褐色的，摸起來像蚵仔凹凸不平的外殼，內部卻有平滑的珠母層。華盛頓大學漢伯特教授之所以對鮑魚外殼產生興趣，是因為在無意中發現一輛汽車從鮑魚上輾過去，鮑魚卻依然完好如初，這種情況令他非常驚訝，於是興起了研究鮑魚珠母層的興趣。

壁虎腳發現登山鞋

美國路易克拉克大學生物學副教授奧頓(Kellar Autumn)多年前在夏威夷度假時，看見壁虎在牆面上、天花板自由爬行而不掉落，他感到好奇，因而開始研究壁虎腳上到底有什麼構造，可以讓牠爬牆時不致墜落，但在平地行走時又能迅速移動。

這種可黏可不黏的特性，經他投入時間研究後發現，壁虎腳上的細毛雖然有黏性，但卻同時具不沾塵的奇妙作用。如果將奧頓的研究結果製作成手套及爬山設備，人們就可以像壁虎一樣到處爬行，不怕摔死。

資料來源：李宜萍，管理雜誌，第 358 期，P68~72

第四節　管理心理學與其他領域之關係

　　管理心理學(Managerial Psychology)是一門結合心理與行為的應用科學，目前在坊間陸續出現許多心理學相關的學科，包括理論與應用兩大方向，在理論心理學部分包括：發展心理學、社會心理學、生理心理學、認知心理學、心理測量學、學習心理學、比較心理學、變態心理學、實驗心理學等；另外在應用心理方面包括管理心理學本身尚有諮商心理學，教育心理學、工業心理學、臨床心理學、消費心理學、健康心理學、犯罪心理學、廣告心理學、環境心理學，甚至未來陸續還會有新的領域產生。以上每一學科其實還有屬於個別的分類，但由於管理心理學主要著重在運用心理學的理論，探討個人與組織間的心理與行為，因此，它也間接的與組織行為(Organization Behavior)及人力資源管理(Human Resource Management)有著密切的關係；目前在許多大專院校皆設立這兩門學科，在管理的範疇中，「管理學」好比帶給經理人一個完整的架構，提供主管在管理的原則，而管理心理學更是以深度的作法探討內在條件，「組織行為」正是研究與觀察在不同心理條件下的結果，然而，人力資源管理正好將管理的所有過程呈現出來，因此許多人事規章與制度就是所謂的產出，但許多企業的人力資源管理為何難以奏效，此時管理心理正是一個審視的重要課題，建議你能將這三科學科視為一個三角，不管個人與組織，以及管理面也好、制度面也好，管理者必不斷檢視彼此的關聯性。

 激 勵 小 語

勇敢迎向寒風　　　張榮發

自古以來 所有人的一生中 有春天也有冬天
人生的冬天無法躲避
就像我們無法避開大自然的冬天一樣
冬天有過冬的方法
人生的冬天也同樣有渡過難關的方法
就像大自然的樹木
葉子落下來是為過冬做準備

我們也可以把現在所擁有的幸福送給別人

有錢的人送錢 有物資的人送物資

有愛的人送快樂

來幫助身邊的人得到幸福

這是一條可以減少不幸的路

雖然我也沒辦法避開自己的冬天

但是仍想繼續走這條路

迎接必定來臨的春天

資料來源：管理雜誌第 416 期，P53

心靈劇場

　　學習「管理」時，我們經常會面臨突發狀況，讓人不知所措，請記住「人」是一個脆弱的動物，「人際關係」很難不去經營，以下故事中的每一位，都可能活生生在你的生活及辦公環境中出現，甚至現在就出現在你面前。現在就請大家主動承擔角色，透過親身體驗，最好一個角色由二位分別擔任，結果也許會大大不同。

　　此刻在電視上出現了雅典奧運新聞，業務部同仁剛剛才結束開會，整個會議室瀰漫著菸味，讓業務助理曉雯聞了感覺快要窒息，當她收拾著會議桌上的杯子，眼睛正盯著球賽時，一不小心茶杯掉在地上，此時，剛好業務部主管陳經理經過，看見了這一幕，便大聲嚷嚷：「上班時間看什麼電視，看到杯子都打破了！」曉雯不敢回應，只好快蹲下來收拾殘局，陳經理一眼就發現了球賽已進入高潮，竟坐下來抽著菸看了起來，也不再與曉雯說話了。下班時間到了，此時曉雯在電梯裡一言不發、臉色頹喪，恰好，另一位業務Allen瞧見了…。就以上的劇情，請指派幾位同學分別擔任：1.業務部助理曉雯；2.業務部陳經理；3.業務Allen，建議指派二組同學，讓大家看見不同類型的人集合在一起所產生的結果，並請你思考以下的問題：

 1. 你認為自己在扮演時，是否表達出內心真實的感受？倘若不是，你是如何辦到的？

 2. 扮演時你最感覺困擾的問題是什麼？

 3. 如果角色由自己選擇，誰是你最想扮演的角色？

【觀察者的問題】－請現場的同學回答

1. 你覺得二組同學的表演中，你喜歡哪一組，原因為何？

2. 是否有哪一個角色在扮演時，你最能感同身受？

3. 從表演的六位中，你最像誰？

自 我 省 思

1. 在你所接觸的同學朋友中，你認為哪一次相處經驗令你感覺不愉快，甚至難以釋懷？為什麼？

2. 你覺得在一家公司中，哪種類型員工最難相處？哪種主管讓你不敢靠近，為什麼？

3. 你認為「管理心理學」可適用的範圍有哪些？

4. 請針對文中的各種研究方法，選二個研究方法應用在自己的工作。

公司文化

　　在這家公司有一種奇特的文化，就是只要老闆交待的事非得辦到，否則就會遭到一些麻煩事，其中有一件看似芝麻蒜皮的小事 — 洗杯子就令管理部每一位同仁抱怨連連，只因公司為節省預算，特別要求管理部每天早上必須輪值日，尤其總經理辦公室的杯子必須洗刷得看不見茶漬，同時杯蓋不能直接蓋上，而且必須另外將展示的杯組一併清潔，才算完成這些辦公室的清潔工作。其實大家不會介意清潔公司的工作，而是特別針對「洗杯子」有意見，大家又不是總經理「專屬的小妹」，更何況每天早上時間很匆促，又有晨會要開，連吃早餐時間都快沒了，「他」為什麼不乾脆找個專屬的小妹替他服務？更何況總經理也是聘任的，他也沒有條件要求如此動作。更頭痛的事在這一天的早晨發生了，就是剛來公司上班的佑怡（在家連洗個碗的機會都沒有），今天便碰了一個大麻煩，當她小心翼翼的端著杯子在水龍頭一側清洗著，一不注意杯子竟打破了！「這下完了！」佑怡心想，她連忙放好其他杯子，迅速回到座位，趕緊向主管請了半天假，只說是要外出處理私事，十分鐘後，總經理到了辦公室，正準備要泡杯熱茶，忽然發現杯子不見了！便打分機給管理部主管，第一句話說：「是誰拿走了我的茶杯？」此時管理部主管立即查詢今天是由誰值日呢？原來是佑怡，咦！她為何請假，此刻主管終於明白，但他的心中出現了兩個疑問 — 「會不會佑怡害怕被罵，先請假回家」或者「她真的有事」，當他正在思考時，電話另一頭傳來總經理斥責的聲音，在連忙道歉後，主管正耐心等候佑怡回來，此刻只見佑怡一臉蒼白，手上提著一個盒子走了進來，主管連忙安撫她：「妳怎麼了？有關杯子的事我已經處理好了⋯」沒想到佑怡打開盒子，裡面裝了一組杯子，若你是主管，下一步，你會如何處理這位員工的心理？該不該讓總經理知道此事？

職｜場｜話｜題

把對的人放在對的位子上

經常聽到一些中小企業主發出「千軍易得，一將難求」的感嘆，埋怨由於不能及時補充企業發展所需要的人才，降低了企業的市場整合競爭力。其實，企業經理人應該具有伯樂的眼光和博大的胸懷，不一定要面面俱到，大小統攬，但應該像一個博弈者，懂得把棋子放在它應該在的位置上。

內部推薦尋覓志同道合者

美國第一資產信用卡公司(Capital One)會先對一千六百名員工進行五個小時性格測驗，發現這些員工的共同特徵，然後再根據這個資料，編出細膩的筆試題目，藉此找到符合這些特徵的應徵者。另外，第一資產也採用內部推薦的方法，尋覓志同道合的人，凡撮合成功的同仁，最高可以獲得二千五百美元的推薦金。目前該公司45%的員工是靠推薦進來的。

與內部推薦有異曲同工之妙的是「網絡交流」。思科公司(Cisco)在徵得應徵者同意之後，會將他們的資料傳給相關部門的同仁，然後彼此利用網路交流。應徵者從同仁那裡知道思科的企業文化，而同仁也可以了解應徵者的個性。如果「兩廂情願」，同仁就會推薦應徵者給人力資源部門，最後因而任用，同仁也會獲得推薦資金。

選人標準：正確態度＋優秀潛力

雅芳在中國大陸展現不錯的成績，主要的關鍵之一來自於人力資源管理的成功。雅芳（中國）公司如何招賢納才？

「從職業要求的角度來講，匹配的就是人才。雅芳在聘用人才時，最基本的做法就是為每一個職位找到適用人才。但是根據八十／二十法則，公司創造出的80%價值是由20%的人才創造的，所以選拔人才時，重點抓住20%，除了當前匹配，還要看他的發展潛力，這就需要全面考核人才的技能、態度、觀念。」

雅芳（中國）在大陸七十個城市設立了分公司，對於「一方諸候」的分公司經理，篩選是很慎重的。雅芳在考核人才時，並不採用國際通用的測試方法，而是針對

不同的人設計面試和問卷，由高階管理層做出綜合評價，入選者先成為見習經理，接受六個月的培訓，過程中分析考察他的長處與不足，最後才安排職位。

低工資加上一個承諾

亞馬遜(Amazon.com)革命性改變了全球消費者傳統的購物方式，短短幾年之間從一個小小的網站起家，到今天最高市值達三百億美元，遠遠超出美國有上百年歷史、分別擁有一千多家連鎖店的最大兩個書店的市值總和。

令人意想不到的是，亞馬遜員工的收入比市場平均標準還要低，甚至連短期獎金也沒有，並且要自掏腰包負擔大部分醫療保險費。為什麼這些優秀的人才心甘情願地留在亞馬遜呢？最大的誘惑就是股票。一九九七年五月亞馬遜股票上市，以每股九元的價格開盤，一年半就突破三百元，每個員工的認股權是公司對他們的一個美好承諾，只要公司一開始獲利，立即會創造出一大批富翁來，這就是亞馬遜的「未來利潤分享制」。

舉辦活動肯定員工價值

力求在市場上有與眾不同表現的視訊會議軟體公司Ezenia!，不僅在產品線上表現如此，而且在員工的眼中也同樣如此。

人力資源主管克拉蓋利(Barbara Colangeli)和他的部門不斷設計出令人驚喜的福利，並且舉辦令人難忘而有趣的活動，使該公司明顯區別於其他競爭對手。

例如二〇〇〇年五月，Ezenia!租用了一艘名為「奧德塞」的豪華遊艇，在波士頓港展開一次為時三小時的旅行。那次的季度會議直接在遊艇上召開，員工既有機會外出活動活動，又同時獲得執行長與管理階層關於組織新戰略的資訊。第一線員工都獲得一枚指南針，提醒他們公司獲得成績和向前發展時，他們的工作有多重要。

克拉蓋利總結Ezenia!留住員工的方式，他說：「員工會為工作的成果感到興奮，並期待獲得回報。…每天的工作時間，必須讓他有適當的機動。…如果你靈活地對待員工，他們會加倍給予公司回報。」

資料來源：亦然，管理雜誌，第 360 期，P42~50

 心 靈 小 站

選擇的智慧

　　從前有兩個貧窮乞丐靠著拾荒維生，有一天兩人正結伴同行時，突然有一個乞丐大喊，我們發財了！我們發財了！原來他們撿到兩大包的棉花，兩人心想若把這兩大包的棉花賣掉，肯定可以過下半年無憂無慮的生活，當他們繼續往前行走，其中的一個乞丐發現到，路邊有一大捆布，足足達二十斤多，他決定放下棉花，改背麻布回家，但另一個乞丐卻想既然己經背棉花走了一大段路了，現在放棄簡直太可惜了，所以不管同伴的勸說，而另一位乞丐則用力的扛著麻布往前走，走著走著這位背麻布的乞丐又發現了樹叢中有閃閃發光的東西，等到靠近一些竟發現了一件令人興奮的事！就是地上正散落著一地的元寶，趕忙叫同伴放棄棉花，同時自己放棄麻布，但另一位乞丐死也不放棄肩上的棉花，心想也許元寶是假的，大白天下，誰會放元寶呢？同時，仍繼續背著大捆的棉花往前邁進，發現元寶的乞丐將口袋裝滿後便與另一個乞丐往回家路途前進，不料忽然下起大雷雨，眼看雨滴越下越大，終於，棉花吸收雨水後龐大的重量讓背棉花的乞丐承受不住而放棄了，然而另一個拿元寶的乞丐卻沒有任何影響，兩人就這樣回家了。

　　日常生活中，你經常扮演哪一個乞丐呢？當員工給你建議時，你又堅持什麼？的確生活中有許多選擇，包括人的個性也經常讓人無法想透，面對一樣的機會，會因個人差異造就兩種不同的命運。

※心靈筆記※

_____

_____

_____

_____

_____

_____

我的老闆很摳門

　　彩華在這家頗具盛名的貿易公司擔任採購已多年，但薪水始終沒有增加，你一定會想，那她可以跳槽呀！是的，這個念頭已經在彩華心中徘徊多年，但為何沒能實現呢？只因她的老闆很摳門，卻很草根性、人不壞，對員工都能照顧，能讓員工放手去做，只是發獎金時斤斤計較，彩華其實很不欣賞老闆的個性，但她喜歡採購工作的高度自由性，讓她有一種工作成就感，但僅止於工作方面，因在其他貿易公司，有許多新產品的引進與判斷都出自老闆一人的意見，彩華深怕一旦離職，在別家恐怕難以實現自己，更何況別家的待遇也不一定高於原公司，就這樣一待就十年了！每次到了旺季時，彩華總是替公司賺很多錢，正如往昔一樣，她享受著自己成就感，只是此次，她的期待變高了，因這次的業務成長太令人驚訝！她準備看老闆如何表示，一如平常，老闆仍舊如平日一樣在九點到達公司，而彩華更刻意的接近老闆探探他是否有所表示，當老闆大聲喧嚷：「彩華真是厲害，大家應好好向她學習！來，進來一下！」此刻，彩華嚇了一跳，而整個辦公室掀起一股騷動，大夥都在猜彩華這次得到了什麼？是一箱贈品或者員工低價折扣？就在此刻，彩華真想挖個地洞向下跳，這原本是一種很賤的好事，怎麼落得讓大家取笑！當老闆請彩華坐下時，從抽屜中拿出了一個紅包袋，此刻，她心想，真好！這次老闆終於開竅了，我可以大搖大擺走出去，讓大家嫉妒又羨慕，當彩華接到了紅包袋時，小心的瞄了裡面一眼，天哪！竟是壹仟元百貨公司禮卷！不會吧！我會不會被大家笑翻天，難道在公司太認真是呆子嗎？倘若你是公司的主管，你將如何化解彩華與員工們的認知呢？又該如何應對摳門的老闆？

上 班 族 充 電 站

學會放手，不再一手全權掌握

聰明授權的步驟：

1. 找出要授權的工作。

2. 找出最佳人選。

3. 說明任務內容並解釋好處。

4. 訂出標準與期限。

5. 進行不定期檢討。

6. 評估結果。

7. 稱讚或是建議改進。

資料來源：管理高手書中書，P8

上 班 族 充 電 站

放掉自我本位，換位思考

你可以這樣做：

1. 管理不同的員工，應該採取不同的管理風格。針對他們的能力與心理發展階段的不同，採取不同的管理行為。

2. 了解對方的立場、感受及想法，正確地思考與回應。

3. 訂定目標時注重平衡，不是管理者一個人的目標，而是考慮團隊的目標；不僅僅是公司得到什麼，而是參與的員工也能得到什麼。

資料來源：管理高手書中書，P7

認知

Chapter 02

學習目標

- 介紹認知和社會認知的概念。
- 歸因的概念與歸因理論的介紹。
- 認知偏見。
- 克服認知偏見的建議。

名人語錄

我們負擔得起虧損,甚至是嚴重的虧損,然而我們卻負擔不起聲譽的受損,哪怕只是絲毫的損傷。

（美國知名投資大師巴菲特,摘錄自 93.5.3 工商時報）
資料來源:突破雜誌第 227 期 P106

第一節　前言

　　我們經常會聽到幾句話是這樣說的：「我覺得她是一個厲害的角色！」或者「我認為她很孤僻。」等，話中的「我覺得」、「我認為」就是這個人的主觀認知，但你我是否曾想過，難道自己所認為的一切是事實嗎？也許三個人面對同一個人的結論是不盡相同的，因此，在認識了前一章「管理心理學概論」與基本思想後，我們即將真正進入管理心理學的內容，組織是由許許多多「個人」所形成的，當我們面對每個員工的表現，不論好壞與否，其實已經是結果的呈現，學習管理很重要的是了解「個體差異」，包括心理與行為的差異，從此開始，我們將一路介紹個體心理與行為，包括「認知」、「學習」、「個性差異」、「壓力」、「個體行為與激勵」，本章的認知，首先先建立你對管理不同員工時依循的基礎－介紹認知的意義，以及如何形成社會認知的差異，並且說明社會認知的重要理論「歸因理論」，最後，建議讀者如何克服認知偏見，以及學習以客觀的眼光接受每個人的獨特性。

第二節　認知與社會認知

　　認知(Cognition)是人們選擇、組織和解釋自己所得資訊的過程。個體處在一個開放、複雜的環境中，他們對於輸入各個感官的資訊，不是隨意加以組合。這涉及一個積極處理資訊的過程，即認知過程。

　　為了說明這一過程，我們先來看個例子。假設你第一次去拜訪你的上司，你首先知道他是一位經理，然後看到了他本人的長相，聽他講話，並翻看了他記的備忘錄，這時，你肯定會迫不及待地盡力去揣測他是一個什麼樣的人。

　　他是一個容易相處的上司嗎？他會喜歡我嗎？他在公司中表現很出色嗎？你會用你獲得的任何資訊來「塑造」他以及考慮自己會如何受到他的影響，也就是說，你試圖把各種有關他的資訊組合成一幅有意義的畫面。有趣的是，這個過程時時刻刻都在發生，而我們卻絲毫沒有意識到。

　　認知的對象包括人（自己和他人，在這裡我們著重研究他人）和物。我們知道，我們周圍的人對我們有著深刻的影響，了解他們的為人和行為對我們來說是大有助益的。顯然，這就是社會認知的過程。**社會認知(Social Cognition)指的是人們整合有關他人資訊並加以解釋以獲得對他人準確理解的過程。**

東方人較為內斂沉穩，每個人對於事情的認知較不敢直接地表達出來；而西方人外表開朗、善於溝通，實質上也需掌握他們的思維才能夠領導得當。

換個角度看世界

　　在幽靜的森林中，有一株小草向一片楓葉訴苦：「你雖然美麗，但掉下來時，就變得很吵鬧，打斷了我的睡眠。」楓葉聽了很生氣地說：「你只不過是路邊野草，你不會欣賞落葉的聲韻嗎？你沒有在高空中生活，怎麼能了解落葉的音樂呢？」說完這話，楓葉就躺在地上睡著了。春天終於來臨了，楓葉又醒過來了，只不過現在的它成了一株小草，此時許多蝴蝶、蜜蜂在旁飛來飛去，它便自言自語的說：「你們這些討厭的蟲子，簡直擾人清夢，害我無法好好睡覺！」

　　當你由業務晉升成業務主管時，有哪些事情的角度會改變呢？當客戶抱怨時，你的心態如何？我們常會因身分的不同，思考角度也跟著不同，許多人都是以自我為中心，而忽略別人的立場，若你能換個立場，也許又是另一種心情。

職｜場｜話｜題

別用社群媒體來篩選求職者

　　有些公司在審查求職者資格時會私下去了解對方在社群媒體上的表現當作參考指標。但有些研究顯示：這麼做容易造成偏見，無法真正的判斷工作的實際績效，還會牽扯到侵犯隱私。是否要所有求職者附上臉書帳號呢？這個可能是一個需要討論的議題。

　　根據CareerBuilder在2018年的一項調查，70%的雇主會在招募參選流程中檢視求職者的社群媒體個人檔案；更有54%發現其中一些內容而否決的求職者，因此，社群媒體網站會不會影響到應徵者的偏見？學者解釋了266位美國求職者的臉書，看看其中有哪些資訊是在求職時用得到的，如：工作背景、工作經驗等，雖然這些本來就是企業應聘時會考慮的。無論如何這些資訊都有可能會侵犯到法律，因這些臉書社群媒體個人檔案所提供的細節，包括性別、種族、身體狀態、性傾向、政治觀點、宗教信仰等，這些資訊都代表著求職者個人的檔案，不僅法律不容許侵犯隱私，也容易造成偏頗的判斷。

資料來源：王冠珉，天下雜誌，第 729 期，P118-119

第三節 歸因(Attribution)

　　歸因是社會認知的一個重要課題。歸因理論是這一領域中的主要理論課題。它是指個體力圖確定自己或他人行為原因的過程。**歸因理論，就是關於人們如何對自己或他人行為的原因作出解釋和推斷的理論**。我們經常提出「為什麼他（她）…」的問題，而歸因解決的就是這類問題。那麼，人們是如何來回答這些問題的呢？下面我們來看兩種歸因理論。

1. 相應推斷

　　在組織中經常出現各種需要我們對他人有所了解，進而採取應對措施的情況。那麼，我們如何才能知曉他人的特質呢？一般我們透過觀察他人行為進而推斷他們的特徵來了解他人。我們基於觀察他人所作的判斷被稱為相應推斷(Correspondent Inference)，意指我們對他人行為的觀察所作的有關氣質、性格的判斷。

　　我們可以用圖2.1來表示這一過程

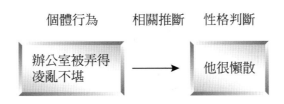

圖2.1　相應推斷的過程

　　然而這樣的判斷經常帶有誤導性。原因有二：首先，我們僅根據他人行為就對其為人作出推斷似乎過於輕率。只看到一個人的桌子凌亂不堪就認為他是懶散的，這樣的結論可能是正確的，也可能是不正確的。因為桌面凌亂可能是由於他的同事翻找一份資料造成的，也就是說，一個人的潛在性格可能在決定其行為中產生重要作用，但是行為也會受外部因素（在上面的例子中，外部因素就是同事的行為）的影響。因此，相應推斷並不總是站得住腳的。其次，人們往往有意掩蓋自己的某些特性，特別是那些可能被認為是消極的。例如，一個懶散的人可能在公共場合努力工作以顯示其向心力。由於人們的行為有許多不同的原因，本來就很複雜，再加上人們有時又故意掩蓋他們的真實個性特徵，因此作相應推斷是要承擔風險的。

　　既然作相應推斷會遇到這樣麻煩的問題，那麼怎樣才能使我們對他人作出的推斷較為準確呢？下面我們來介紹幾種方法，看它們對你是否有用。

　　第一、我們要關注的是個體在「特定情境」中的行為。例如，任何人對上司可能都是彬彬有禮的，在這一點上我們是看不出他（她）的真實個性，因此對此不必過於關注。只有真正有禮貌的人同樣會對其部屬彬彬有禮。所以人們在不受社會期望支配的情境中的行為，往往更能揭示個體的基本特徵和動機。

　　第二、我們要關注那些僅有一種簡單邏輯解釋的行為。例如，你發現你的朋友接受了一份薪資高、工作有樂趣、發展前途好的新工作。根據這些資訊，你無法確定你朋友接受這份工作的原因。因為這三者中的任何一點都能適切地解釋他為什麼接受這份工作。但是如果你朋友接受的是一份薪資高、但工作無樂趣、個人發展前途不佳的新工作，那麼你就能斷定高薪是這份工作吸引你朋友的唯一合乎邏輯的解釋。因此，當觀察到的行為只有一種合理解釋時，這時作出正確相關推斷的機率就大得多。

2. 凱利的歸因理論

　　在解釋個體行為的原因時，我們往往把它們作以下區分。

(1) 個體的內部原因：指個體本身應對行為後果負責任的解釋。

(2) 外部原因：指因個體不可控的外部因素造成行為後果的解釋。

　　我們不妨假設你的同事被老闆解雇了。那麼你肯定會想，是他違反了公司的規章制度或是他的確沒有能力勝任這一工作呢？還是你的老闆冷酷無情？前者即是你對同事被解雇的內在歸因，後者是外在歸因。

　　通常確定個體行為是由內因還是外因引起是非常重要的。因為一旦弄清行為原因，不管是內因還是外因，個體就可以採取特定的措施來解決問題。而且，對他人行為原因的分析有助於指導自身的行為。

　　那麼人們怎樣確定行為是由內因還是由外因引起的呢？凱利(Kelley)的因果歸因理論(Theory of Causal Attribution)認為我們的判斷是基於對三種資訊的綜合考慮：

(1) 一貫性(Consistency) 當我們所觀察對象的同一行為在前後不同時間頻頻發生時，一貫性則高，否則就低。一貫性指的是個體行為在不同時間的相似性的比較。

(2) 一致性(Consensus)當他人行為與我們所觀察對象的行為相同時，我們就說一致性高，否則就低。一致性指個體行為與他人行為的相似性的比較。

(3) 區別性(Distinctiveness)當我們的觀察對象在其他環境或場合中也作出相同的行為時，我們就說區別性小，否則就大。區別性指個體在不同環境中的行為的相似性比較。

　　根據這一理論，我們只要對這些資訊進行分析就能對個體的行為作出解釋。假如我們所觀察對象的行為在其他時候也發生（一貫性高），他人與這一觀察對象行為相同（一致性高），而且觀察對象在其他場合並非經常有類似行為（區別性大）。這樣我們很可能把觀察對象的行為原因歸結為外部因素。若觀察對象的行為一貫性高，一致性低，區別性小，我們就認為它是由內部因素造成的。

圖2.2　凱利的歸因理論

　　在實際管理中，對他人的認知往往存在著偏見和錯誤。下一節我們來對此加以分析並給出解決的辦法。

第四節　認知偏見(Cognition Biases)

　　常見的認知偏見有以下六種：

1. 基本歸因錯誤 (Fundamental Attribution Error)

　　基本歸因錯誤是指我們對他人行為易作內在歸因而忽視外部原因的傾向。它是歸因理論的錯誤之一。在現實生活中，人們並不嚴格按照凱利的理論來對他人的行為進行內在和外在歸因。相反，他們往往將行為歸因於內部穩定的個性特徵，而忽視引起行為的外部客觀因素。例如，當員工遲到時，管理者會認為他（她）很懶，而不考慮交通擁擠之類的外因。為什麼會產生基本歸因錯誤呢？有人認為這是由於行為是最易觀察到的因素，而社會環境、社會角色、情境壓力等外部條件都很難受到人們的關注。儘管對於基本歸因錯誤是否是一種錯誤在理論界有不同的看法，但是依個性歸因的事實仍然存在，因此，這種傾向在組織中是非常不利的。它使我們認為人們應對發生在他們身上的消極事件負責任，有時甚至會認為他們咎由自取而不提供幫助或監控。這會導致人際的隔閡和管理的問題。

2. 暈輪效應 (Halo Effect)

　　暈輪效應是指對他人的總體或某一方面特徵的印象影響我們對他人作出客觀評價的傾向。如當我們認為某人聰明時，同時也會認為他工作努力；在我們認為某人愚蠢的同時會認為他懶惰。這種現象就像月暈是月亮的擴大一樣，我們在評價他人其他方面時往往憑當初在某方面形成的正面或負面的印象人為地為他人加上一層肯定或否定的暈圈。評價在這個過程中注入了過多的情感因素和先入為主的想法，因而使得評價、認知的準確性降低，進而影響管理者在實務上的困擾。

3. 相似性效應 (Similar to-me Effect)

　　相似性效應是指人們對他們認為與自己在某些方面有相似之處的人給以積極評價的認知傾向。這種傾向構成評判他人的偏見的潛在因素。當上司評價部屬時，他們之間的相似之處越多，上司給予的評價就越高。這裡的相似之處有很多方面，諸如工作價值觀和習慣、工作信念等。這種效應的結果是人們更加重視和親近那些與自己有相似之處的人。對於部屬而言，他們在與其有相似特性的上司得到信任和自信。因此，

他們與這樣的上司建立積極的關係，上司也樂於同此類部屬接觸。研究這種效應，有一點是非常重要的，那就是必須弄清評價者與被評價者在多大程度上具有相似性。

4. 首因效應 (First-Impression Effect)

　　首因效應是指人們基於對他人的第一印象而作出判斷的認知傾向，又稱第一印象效應。 我們對他人的評價往往更多地受我們對他（她）的最初印象的影響，而很少受現實表現的影響。這種偏見在評價陌生人時具有更大的作用。在組織中，這種效應導致管理中先入為主的看法，形成不準確的判斷。

5. 選擇性認知 (Selective Cognition)

　　選擇性認知是指個體注重環境的某些方面而忽視其他方面的認知傾向。 當我們面對一個複雜環境時，有許多刺激吸引我們的注意，但我們的注意力往往是有選擇性的，這樣就會使我們的認知範圍變窄。然而，當它限制我們對某些刺激的注意的同時，卻相對增加了我們對其他刺激的注意。

　　在管理活動中，每個部門經理都會認為自己部門的工作在整個公司運行中占有舉足輕重的地位，這也許會給整體的管理規劃帶來影響。同時，由於選擇性認知，不同個體即使面對相同情況時，其認知也存在著極大的差異。

6. 刻板印象效應 (Stereotypes Effect)

　　刻板印象效應是指人們認為特定群體的成員具有共同的個性特徵及相同行為方式的認知傾向。 一般認為，生活在具有相同地理環境、經濟、文化背景的群體中人們具有某些特定及共同的特徵。人們對此的固定看法潛移默化地影響著他們對群體中的個體的認知。例如客家莊或原住民部落，然而，這種看法至少部分是不準確的，因為群體中存在著特例，既使是極少數。

　　我們之所以依賴刻板印象，是因為它便於我們認知他人。當我們從群體的共同特徵中了解個體時，就可以避免重新對個體進行面面俱到的認知，從而簡化認知過程。例如，我們根據一個人的服飾、膚色、氣質等就可以推斷他的民族、種族、職業。

　　在管理活動中，這種刻板印象效應的影響是極大的。當一個主管認為某群體的成員懶散時，他就會對該群體的成員不予任用和晉升。這個上司會固執地認為他的判斷是正確的，但是結果是這些個體的前途就可能因此而斷送，原因是他們屬於這一所

謂的懶散的群體，儘管他們可能並不具有這一群體的共同特性。因此為了避免這種失誤，管理者應盡量避免把刻板印象帶入管理中。

第五節　如何克服認知偏見

在現實生活中，認知偏見是不可避免的，因為我們擁有的資訊是不完全的。例如我們無法知道所有可能的情境因素，也無法知道某一個體的全部資訊。但是我們可以把這些認知偏見的影響降到最低限度。下面介紹的幾種方法或許能有助於你提高認知的準確性。

1. 不要忽略他人行為的外部原因

基本歸因錯誤導致我們忽略由於外部不可控制因素造成個體不良行為的可能性。也就是說，我們對個體的行為缺乏全面的分析及合理的解釋。如果我們能設想一下，其他人是否也會在同樣情況下作出這樣的行為，那麼我們就不會輕率地對他人加以指責。管理者要盡量作出準確的判斷，進而確定工作重點是加強對人的管理或是改善工作環境。

2. 確認和正視刻板印象

我們認知他人往往依賴刻板印象，這是很自然的反應，但是這會導致錯誤的認知，因它往往是以犧牲他人利益為代價的。因此，對自己所持的社會刻板印象加以確認，對管理者是大有幫助的。因為對它們有所了解就可以採取措施防止它們對自己的行為產生影響。

3. 客觀評價他人

我們掌握的客觀資訊越多，那麼評價他人時所犯的主觀錯誤就會越少。人們在評價中往往會無意識地帶入自己的偏好，如對自己喜歡的人的工作抱持肯定態度，對自己不喜歡的人的工作持否定態度。如果我們依據客觀因素評價他人的話，這種認知偏見就能避免。

4. 避免過早下結論

　　我們習慣於馬上對他人作出斷定，儘管有時我們對他們知之甚少。在確信自己知道了所有有關他人的資訊之前，最好對他們進行進一步的了解。你所了解到的資訊會對你的觀點產生極大的影響。

　　要避免認知偏見是很困難的但換個角度來想，若我們的部屬能從我們日常生活中的一言一行，即使你未立即提拔他，他也能對你有一定的信任，甚至會再加把勁努力工作，只因他相信「人才」不會被你埋沒，消極說，倘若少數員工表現不佳，他們也會虛心接受懲罰，畢竟他們認為你對他們並沒有偏見。

　　偏見(prejudice)是指個體僅僅依據他人的特殊群體成員身份而對其形成的消極態度。平時我們總聽到這樣的告誡：「不要急於下判斷。」在實際行動中，我們往往由於被頭腦中固有的看法蒙蔽了眼睛，而忽視這一點。偏見不僅造成人們對特殊群體成員的消極評價，而且它還會引起人們消極的行為傾向。一旦偏見態度的行為傾向付諸於實際行動，就構成了帶偏見的行為(Discrimination)。

（一）偏見造成的問題

1. 偏見會造成人際間的摩擦和衝突

　　如果同事間因偏見而產生不信任，就無法在工作中互相合作，共擔重任，最嚴重的偏見行為甚至還會訴諸法律程序。

2. 偏見所指向的對象促使職業生涯受不利的影響

　　一些偏見是隱祕的，但有些卻是公開的，如雇用、晉升、報酬等。女性在這方面所受的偏見較為明顯。儘管在今天的工作職場中，女性的比例已有所增加，但是占有高層職位的女性仍是鳳毛麟角。對女性的偏見像無形的屏障，雖無人公開承認卻真實存在。

3. 偏見對受害者的心理影響非常嚴重，因而不容忽視

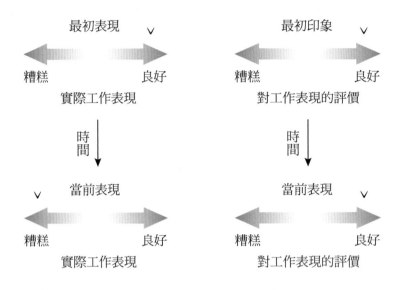

圖2.3　偏見的態度與行為

當你看見了有人使用你的手機後，並未對你說謝謝，而且很自然的走開，你的感覺是什麼？

倘若，他再二分鐘後回來又向你借手機，你會如何？

此刻，看看隔壁同學的答案，你覺得自己是什麼樣子的人？

倘若結果是，打手機的人認為他已與你的交情到某種程度，所以不用說謝謝，你誤會了嗎？為什麼？

1. 找身邊的同學或家人，請他（她）寫一張字條，用一～二句話來形容自己。
2. 想想最近生活中有哪一件事，造成你的認知偏見。
3. 請舉例說明相應推斷。
4. 當你的員工常在中午時間打電話及下班常加班，你的認知是什麼？
5. 你對「常遲到」的認知是什麼？

激勵小語

裕隆集團執行長　　嚴凱泰

人生有三件事不可避免：死亡、睡覺還有不景氣。這樣的不景氣不會是最後一次，永續經營就要有做好長期奮戰的打算，不能因為不景氣就不投資。

資料來源：管理雜誌第 416 期，P53

現｜場｜直｜擊

我愛上了我的部屬

　　一般企業不刻意規定「辦公室戀情」之事，但有的企業卻明文規定絕不可有辦公室感情事件，以免產生工作不良的問題，但問題就發生在這位女主管身上，在這家企業規定中雖沒有明文，但公司內部已行之多年的文化就是「不鼓勵」，只因多年前，某部門因感情因素，導致兩人同時離職，造成人才流失問題，也成為公司不良示範，但這位受西方式教育的女主管卻不以為然，她認為個人工作表現較重要，公司無需過問個人隱私，這一次的對象，竟然是自己的男同事，更諷刺的是，她與他差了八歲，況且他已婚，偏偏這位男同仁已察覺她的言行內透露出愛意，而其他同仁也發覺了，現在這一段感情已由單純的戀情演變成婚外情，這其間的問題在女主管方面，在公司方面甚至男主角身上，將會有哪些問題？之後，女主管所帶的部門內，若有感情事件又將會有哪些影響呢？你贊成辦公室戀情嗎？你有過類似的經驗嗎？它有造成你在工作上的影響嗎？

資料來源：http://www.google.com/corporate/tenthings.html

整理丁文祥，管理雜誌第 419 期，P84

了解自我

你有職業的刻板印象嗎？

　　在實際管理活動中，人們習慣於把個體歸入某一職業群體，並根據自己理解的職業特性來對他人作出評價。下面這一練習有助於我們更好地理解這一現象。

1. 用下面幾種程度形容詞，根據你的看法標出以下列出的幾種職業群體中之個體特性。

　　①一點也沒有 ②稍微有點 ③適量 ④大量 ⑤極大

會計師		教授		律師		物理學家		牧師		鉛管工	
有趣的		有趣的		有趣的		有趣的		有趣的		有趣的	
慷慨的		慷慨的		慷慨的		慷慨的		慷慨的		慷慨的	
聰明的		聰明的		聰明的		聰明的		聰明的		聰明的	
保守的		保守的		保守的		保守的		保守的		保守的	
害羞的		害羞的		害羞的		害羞的		害羞的		害羞的	
雄心壯志的		雄心壯志的		雄心壯志的		雄心壯志的		雄心壯志的		雄心壯志的	

2. 根據你的回答思考下列問題

　(1) 你對各種群體的評價存在差別嗎？如果存在，那麼你對哪一群體所持的肯定意見最多，而哪一群體最少？

　(2) 你是否在各種群體之間發現了一種共同的特性？如果是，那麼是什麼，該如何解釋？

　(3) 你的評價在多大程度上和別人的一致？在對不同職業群體中人們的刻板印象上是否達成共識呢？

　(4) 你的評價在多大程度上是依你認識的具體的人而作出的？你對職業群體中個體的評價受這些具體知識的影響嗎？

　(5) 知道了這些刻板印象，你認為它們是否會影響你今後的行為呢？請解釋之。

（摘譯自：Jerald Greenberg, Robert A Barton:《Behavior in Organizations》, Prentice-Hall Inc. New Jersey, 1997.）

現｜場｜直｜擊

是誰偷了我的乳液？

　　許多公司的電梯間皆設有公共廁所，並且會各自配給同一樓層員工廁所鑰匙，在南京東路上有一層大樓辦公室，就因乳液的不翼而飛，引起了二家公司的不合，甚至嚴重到彼此公司的員工，相互碰面皆沒有好臉色。

　　這個事件中，A、B兩家公司的內勤皆以女性居多，大家會在洗手間內放置護手乳液，由於是大家主動帶來，也不吝嗇讓彼此使用，一段時間以來，幾乎每次都有乳液可使用，但是有一天，由於A公司舉行大型會議，內部的洗手間已不敷使用，於是總機小姐跑到B公司借廁所鑰匙，而長久相處平和的關係就因鑰匙外借而生變，在當天會議結束後，來賓自行將鑰匙還給了B公司，隔天早上，當B公司的員工小琪到了洗手間，一開門便發現洗手間地面濕答答，同時所有衛生紙也用光了，小琪十分生氣的向主管報告：「A公司真缺德，衛生紙用光，連乳液也偷走！」、「主管你去告訴A公司的員工不能這樣！」身為主管，面對這件小事，有必要到對面「講清楚，說明白」嗎？因此，主管沉默了一下說：「沒關係，找機會再告訴他們。」當小琪聽到這般答覆，氣到了極點！也許她屬於路見不平型的俠女性格，當她到了辦公室，便開始大談廁所話題，漸漸引起大家的共憤，到了中午，當A、B兩家公司的人搭電梯準備下樓用餐，原來還相互打招呼，竟然氣氛變得十分嚴肅，當1點30分一到，A公司的員工回到公司，便有人反應：「奇怪，才借一下廁所就這麼小氣，這家公司文化真怪！」此刻A公司的主管楊副理剛從大門走進來，聽到如此的批評，便擔心了起來，連忙將大家召集到會議室問問，大家以訛傳訛各自表述想法，因此楊副理決定找B公司主管聊聊。這整件事件，你的因應態度與處理程序為何？

上班族充電站

壯士斷腕，與不適任員工說拜拜

要他們離開其實對雙方都是最好的選擇，他們經常可以因此有更好的發展。你可以這樣做：

1. 以冷靜的語氣說明你已經對他的工作能力失去信心，所以必須讓他離開。

2. 提醒對方，目前的職位只是不適合他，不必說出對方所有的缺點，並為自己的行動辯護。

3. 假如你是當初決定雇用他的人，告訴他你很遺憾這個錯誤的決定，並為你的過錯向他致歉。

資料來源：管理高手書中書，P8

 MEMO

學習

學習目標

- 介紹學習的概念。
- 條件反射與強化。
- 實行強化的方法。
- 觀察學習的運用。

**名人
語錄**
汽車正快速行駛，我們得降低速度，但不應該突然踩煞車，這也就是所謂的經濟軟著陸。

（中共國務院總理溫家寶，摘錄自 93.5.7 經濟日報）
資料來源：突破雜誌第 227 期 P106

第一節　學習的意義與類型

　　前面我們已經講了人類的基本心理過程之一－認知，現在我們來探討另一同樣重要的過程－學習。在管理活動中，管理者若了解學習的基本知識和原理，就可以有效地對員工進行管理，提高其工作效率。

　　學習(Learning)是指個體基於經驗在行為上產生的一種相對長久性的變化。它是個體自覺地、積極地、主動地調整行為的過程。

　　要理解學習的概念，我們要把握三點：第一、學習要求有某種變化發生。第二、這種變化必須超越暫時性。它排除疲勞、厭倦、習慣化等導致的行為的暫時變化。第三、這種變化必須是由經驗引起的，也就是說與我們和周圍環境的接觸密切相關。我們無法對學習進行直接觀察，而只能通過相對長久性的行為變化來研究。

　　學習可以分為好幾種，這裡我們只探討幾種在管理活動中經常出現的學習類型。

在課程當中學習，透過課程教材、資產增長他們的智能；在職場中學習是不可避免，不能僅是知識的吸收，還需要許多內隱外顯知識的成長

第二節　操作性條件反射(Operant Conditioning)

　　操作性條件反射又稱工具性條件反射，它是指個體借助已有的行為結果來決定是否重複同一行為的學習方式。具有積極結果的行為會被繼續，而具有消極結果的行為則會被消除。操作性條件反射理論是美國哈佛大學心理學教授斯金納(B. F. Skinner)提出的一種新行為主義論。它特別重視環境對行為的影響作用，認為人的行為只是對外部環境刺激所做的反應，只要創造和改變外部操作條件，人的行為就會隨之改變。斯金納說：「操作條件反射的作用能塑造行為，正如一個雕刻師塑造一塊黏土一樣。」因此，斯金納認為，我們是通過行為與結果之間的聯繫來學習行為方式。為了加深對這種學習過程的理解，請看圖3.1。

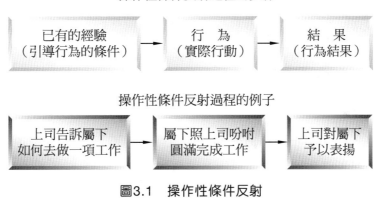

操作性條件反射過程的步驟

已有的經驗（引導行為的條件）　→　行　為（實際行動）　→　結　果（行為結果）

操作性條件反射過程的例子

上司告訴屬下如何去做一項工作　→　屬下照上司吩咐圓滿完成工作　→　上司對屬下予以表揚

圖3.1　操作性條件反射

　　在這個例子中，上司的讚許會增加部屬認真執行工作的傾向。這樣學習就產生了。

一、強化(Reinforcement)

　　操作性條件反射是基於學習某一行為是由於它會導向良好結果的觀點。在管理活動中，員工發現分紅、休假都是值得追求的東西，它們是引起行為的外界刺激因素。**人們學習作出能導向正面結果的行為過程就稱為正強化(Positive Reinforcement)。**這些行為能帶來正效應，同時它們又反過來強化這些行為。然而，當使用獎勵作為強化物時必須注意，獎勵必須及時，更必須因事而異。例如，當銷售人員完成一筆鉅額交

易，就應該馬上給予獎金鼓勵，讓銷售人員明白，獎金只與這次成功的交易有關而同其他事情無關，如此來，他就會努力地去完成一筆又一筆成功的交易。

與上述情況相反，有時人們不希望出現某些令人不愉快的事情，如譴責、否決、留用察看等。**人們為了避免不適合結果出現而學習如何行為的過程稱為負強化**(Passive Reinforcement)。例如，一企劃人員深夜還在思考行銷方案，因為他知道，如果在第二天早上拿不出詳細的企劃書，他的老闆就會炒他魷魚。在這點上，他就學會了如何去避免不利的情況，並以此為警惕。

不過，行為與其結果的關係並非總是被強化，這樣的關係也有可能被弱化，懲罰就是很好的例子。**懲罰**(Punishment)**是指在不當行為發生後，給予不利結果從而減少這種行為發生的過程。**當個體的行為伴之以其不期望的後果時，他就會盡量避免再次作出類似的行為。例如，一位名員工由於午休時間過長遭到上司的責備，那麼他下次午休時間過長的可能性就減少了。

懲罰不同於負強化之處在於：第一、懲罰是針對個體已經實行的不當行為，而負強化針對的是意向中的不當行為；第二、懲罰的目的在於減少不當行為再次的發生的可能性，負強化在於避免不當行為的發生。

另外，不繼續給予獎勵也會弱化行為與結果之間的關係。假如員工的某一行為受到管理者的讚許，在經過一段時間後，**若個體行為得不到再次的積極強化和獎勵時，這一行為往往會漸漸消失，這一過程稱為消退**(Extinction)。當獎勵性反應逐漸弱化最終消失，就會發生消退。例如，一位員工因上班早到而受到上司的讚許。他因此受到積極強化，以後每天都早到。幾個月過去了，上司視之為自然，沒有再次予以表揚。上次的獎勵已漸漸失去效力。這名員工就很可能不再早到，而是和別的員工一樣按時上班。

正強化、負強化、懲罰和消退是強化的四種可能形式。它們是組織中管理個體行為的有效工具。它們的基本情況如表3.1所示。

表3.1

刺激的狀態	刺激的性質	強化的形式	行為結果間的關係	舉例
存在	愉快	正強化	加強	上司的表揚會鼓勵員工繼續這一受表揚的行為
	不愉快	懲罰	降低	上司的批評會阻止員工實行這一受懲罰的行為
缺失	愉快	消退	降低	對有利行為不予表揚會減少其在將來繼續下去的可能性
	不愉快	負強化	加強	避免將來受到批評

二、實行強化的方法

在實際管理中，存在著關於強化時間選擇和頻率的規則。對所有期望的行為進行強化是不切實際的，在組織中實行的是部分式強化(Partial Reinforcement)，即只對一些期望的行為進行強化。部分式強化方案常用的方法有四種：

1. 固定時間間隔法

它是指實行的強化之間的時間間隔固定的方法。如定時在月底發薪水，就是一種很好的固定時間間隔法。然而，這種方法對於保持某一期望行為卻並非絕對有效。例如，員工若知道每天上午11點半上司要來檢查工作，他們就會在那段時間努力工作，但在其他時候，他們就會愉懶。因為他們知道他們不會因工作努力而受到獎勵，也不會因不工作而受到懲罰。

2. 可變時間間隔法

例如公司主管平均每2個月到分公司去檢查一次工作（如這次隔1個月，下次隔3個月），當然這是出其不意的。這位公司主管採用的就是可變時間間隔法。由於時間間隔不定，因而有利於了解真實情況。毋庸置疑，可變時間間隔法要優於固定時間間隔法。

3. 固定比率法

它是指按個體特定數量的活動有比率地進行強化的方法。例如某個銷售人員知道如果他售出價值5,000元的商品，就能得到定額的獎金，如果他的銷售額達到10,000元，那麼他就能得到2倍於第一次的獎金。

4. 可變比率法

　　可變成率法可以電玩比喻，在絕大多數情況下，人們投入1枚硬幣往往無所得，但連續多次後就能贏。由於誰也不知道哪一次會贏，因此人們總是喜歡長時間地玩。無疑可變比率法比固定比率法更有效，因而更具有強大的吸引力。

　　在實際管理生活中，這幾種方法可以組合在一起形成一種複雜的新方法。不論是單獨使用，還是互相結合在一起使用，我們必須始終記住強化方法對於組織中的行為有著非常重要的影響。

職│場│話│題

疫情下企業學習潮，哪些課程最夯

　　因應COVID-19疫情帶動一波職場線上學習熱潮，到底疫情期間兩大企業職場學習產生哪些變化？根據天下創新學院最近的報導，16萬商業菁英線上觀學的觀測數據顯示，相較去年同期整體觀測客數成長2倍；透過APP行動觀測客數成長1.5倍。

　　在這一波疫情學習潮我們發現以下趨勢：

1. 軟實力當道，重視心理韌性。

2. 硬技能必學產業分析大數據。

　　在同時強調軟實力的因素在各項報告中歸納出五個重點：

1. 如果缺乏相關軟實力，專業技能無法發揮效益。

2. 軟實力養成較專業技術需要更長的時間，也顯得更加珍貴。

3. 今天的職場需要協作，沒有軟實力無法整合團隊。

4. 同理心和幽默感等軟實力能大幅提升創意發想跟顧客體驗。

5. 未來人類的工作將有賴軟實力，因為這才是人工智慧AI無法取代的項目。

資料來源：張彥文，各行各業防疫大戰略，因應疫情各有高招，看百大 CEO 的危機處理。哈佛商業評論，
　　　　　2021 年 7 月號，P50~51

猜猜誰獲獎

在國外有一家雜誌社曾舉辦一項高額獎金的有獎徵答比賽，它的題目是：在一個充氣不足的熱氣球上方，載著有關人們興亡的科學家，第一位是原子專家，他能防止全球的原子彈戰爭，使我們的地球免受滅亡之苦，第二位是糧食專家，他能在貧瘠之地，用他的專業成功種植穀物，使許多人免受飢餓之苦，第三位是一位環保專家，他研究環境汙染問題，使我們免除死亡的厄運，此時熱氣球即將墜落，必須丟出一位科學家，來減輕重量，使其他二位得以生存，請問該丟誰下去呢？問題刊出後由於獎金數目十分誘人，各地的來函如雪片般，但在眾多的信件中每個人皆發揮所長，甚至誇張的提出一些奇特的作法，但最後得獎的是「一位小男孩」；然而他的答案：「把最胖的那位科學家丟出去」。

你看小男孩單純而幽默的回答，不免喚醒你我任何困難來臨前，「思考方式」的確是我們所需學習的，即便它只是一個故事，但是可以教導我們，凡事不要複雜化，你覺得呢？

※心靈筆記※

_____

_____

_____

_____

_____

_____

_____

_____

_____

_____

第三節　觀察學習(Observational Learning)

觀察學習是指人們通過系統觀察他人受獎懲的行為而獲得新知的學習方式。

觀察學習的過程通常有四個步驟：

第一、學習者必須密切關注學習對象。關注程度越高，學習的效果就越好。為了便於學習，學習對象有時希望觀察者注意他們的行為。當上司向部屬安排工作時，常常要求部屬密切關注他們所做的事。

第二、觀察者必須牢牢記住學習對象的行為。對學習對象行為的口頭描述或頭腦中的形象記憶有助於學習者記住它們。如果我們沒有記住觀察到的行為資訊，也就無從談起從中學習到什麼。

第三、觀察者必須按照學習對象的行為親身去實踐。如果人們不能嚴格按照學習對象那樣去做，那麼他們就不能從觀察中學到什麼。當然，並非每人的實行能力都是很強的，但我們可以在實行中不斷提高。

第四、人們必須有向學習對象學習其動力。我們不會去仿效我們見到的每一行為，我們的模仿是有目的的。因此我們會特別關注那些對自己有用的行為及如何能使他人受到獎勵的行為。

在管理活動中，觀察學習法是許多正式工作之參與與實踐訓練的重要部分。訓練者讓受訓者觀察專家的工作行為，然後讓他們參與實踐，通過專家的反饋意見進一步提高工作技巧，增強適應新工作的能力。當然觀察學習也可以非正式的方式產生。在組織中，人們往往通過觀察學習用組織的規範、準則來導正自身的行為。

通過觀察，人們不僅學習應該做的，也學習不應該做的。當人們看到他人的某種行為會導致懲罰時，他們往往會避免自己做出相同的行為。

到現在為止，我們能看出觀察學習是一種人們學習如何行為的有效方式，尤其在職場工作，每一天所面對的人事物，皆是應用學習的機會同時藉由學習，能體驗各種強化的方法。

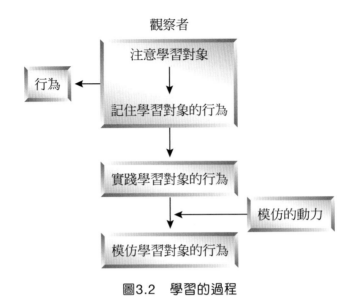

圖3.2　學習的過程

心 靈 劇 場

你認為以下各種角色，在現實生活中常應用的強化方式是哪些？

請針對上述各種角色、設計劇情，並邀請同學上台表演。

1. 業務助理
2. 業務主管
3. 人力資源部祕書
4. 工讀生
5. 客戶
6. 總經理

自 我 省 思

1. 「學習」對你的意義是什麼？在你生命中有哪一件事是學習的具體例子？
2. 什麼是操作性條件反射？請你舉一實例說明這一學習過程。
3. 強化有哪四種基本形式？請用實例說明。
4. 面對目前的職場，有哪些現象可以運用正強化與負強化？

現|場|直|擊

企業西進的員工告白

　　近來台灣企業紛紛西進大陸，許多員工處在一種莫名的壓力中，每個人不免思考到自己的未來是否會因「無法配合西進」，有些公司更是以十分誘人的條件鼓勵人才前往大陸發展，李大偉正是一個鮮活的例子，今年的他正面臨結婚的人生大事，眼看多年的努力，終於熬出業務部主管的頭銜，而女友正是同公司的同事，下午在每個月例行月會中，總經理提出了公司下半年的營運計畫，其中一個令人倍感壓力的目標便是各部門必須派1~2位管理職位的人員，因公司將在大陸地區拓展業務，眼神不自覺的往地面上看，深怕老總的目光定睛在大偉身上，這促使大偉的前途將面臨極大的改變，大偉的心中不斷反覆思考著以下的幾個問題：「不去大陸，我的工作能否保住嗎？」、「該不該帶她一同去大陸呢？」、「若不去，還有什麼機會嗎？」，而此時，在偌大的會議室的一角，小沈卻主動向老總發問：「請示總經理，有關到大陸拓展業務，可否採自願的方式，我很願意接受公司的培訓，以儲備主管方式前往？」就在此刻，會議桌上議論紛紛；最後人力資源部主管發表這件人事案將於安排下週公告，請各單位可著手進行人力調配，眼看著突如其來的西進事件，著實的令大偉失眠多日，每天到自己的部門，總有部屬前來詢問：「李經理，我們是否將會在短時間被派遣到大陸？」或者「李經理，若公司要我們部門推派人員，你可不能丟下我們不管，畢竟我們在公司的權益都是您為我們爭取的呀！」李大偉心中充滿矛盾與不確定感，又不願找其他部門的主管討論，深怕他們看透了自己的心事，當大偉的焦慮已難以掩飾在臉上，他的女友，正是會計部門的助理，卻與大偉持相反意見，她認為大偉應該前去，不然會被冰凍起來，但大偉心中卻不能說服自己，在他平日注意時事的判斷下，他認為此刻已不是西進的黃金時間，此刻去大陸並不能保證一切能好轉，況且以他對公司多年的了解，他的意願逐漸的明朗，終於到了人事公告的時刻，李大偉正面臨一連串難以抵擋的問題，首先在人事命令提到：「各部門並非以主管派遣，而能以主管推薦方式成立」，同時公司將提供極優渥的員工福利，同時，未來回公司後，仍有工作保障，當大偉看到規定後，不到半天的時間，底下的狀況不斷出現，在他部門中共有8位員工，2位女性、6位男性，其中有一半以上已經有家庭，並且育有子女，

而另一半卻是7、8月才剛招募的社會新鮮人,看到此處,假使你是李大偉,你該如何與這8位員工諮詢,你又該如何為李大偉定位呢?請你以李大偉角色自居,分別思考與員工的溝通方式,同時探討西進大陸可能碰到的心理問題與管理方式。

上 班 族 充 電 站

學會「丟」的藝術

1. 昨日的成功,是今日的毒蘋果。
2. 擺脫陳規,多問為什麼。
3. 破除官僚作風,繁文縟節放一邊。
4. 放掉自我本位,換位思考。
5. 學會放手,不再一手全權掌握。
6. 壯士斷腕,與不適任員工說拜拜。
7. 見壞即收,專案管理不盲目。
8. 雜物盤點,終結紊亂的辦公桌。
9. 善加管理,不讓知識庫變垃圾桶。
10. 無用就刪除,電子信箱不爆炸。

資料來源:管理高手書中書,P15

個體差異

Chapter 04

學習目標

- 探討性格的定義與類型。
- 明瞭能力和智力之定義。
- 態度的定義及工作態度。
- 了解何謂組織歸屬感。

名人語錄

我做事，3個月、半年不變一下就渾身不對勁，不變就表示沒進步，因此不斷鑽研改善、不斷的變，避免企業老化。

（聯強國際總裁兼執行長杜書伍，摘錄自 93.5.26 經濟日報）

第一節 前言

　　人的行為往往受到自己主觀因素的影響，在這些因素中，除前面已論述之外，人與人之間的個體差異也是一個重要的方面。個體差異是指人在生活實踐中經常表現出來的帶有一定傾向性的各種心理特性的總和。個體差異使個體在具體的活動中表現出獨特性。這也給管理帶來了挑戰。根據心理學家已有的研究成果，這裡只對個體差異之幾個重要方面進行討論。

第二節 性格(Character)

一、定義

　　性格是指個體對客觀現實的相對穩定的態度體系及與之相適應的習慣化行為方式的心理特徵。

　　其基本特徵包括四個方面：(1)對現實的態度。即表現一個人對現實的個性傾向；(2)性格的理智特徵；(3)性格的情緒特徵；(4)性格的意志特徵。在個體活動中，它們並非彼此孤立地存在，而是相互作用，共同制約著人的個性行為。

　　個體在客觀現實中與人互動，逐漸形成了對自己、對他人、對社會的相對穩定的態度體系，而它又通過人的行為方式得以表現出來。看一個人能否把一件事情做好，既要看情境因素，又要看人的因素，而知識、能力、技術及性格等就是人的因素。看來，個體的能力與性格對工作效率的提高及個體對工作的滿意度都有重要影響。

二、測定

　　性格的測定是件非常複雜的事，不過心理學家們已設置了系統評定性格的方法。下面我們就對一種常用的方法─客觀測驗法做簡單分析。

　　客觀測驗法(Objective Tests)指的是用設計的問卷中的一系列問題來測定性格的不同方面的方法。你只需在問卷上用筆標出符合自己情況的選項即可。這種方法在測

定性格和智力中最為常用。測驗者用特定的賦值法給某一被測驗者的回答賦值，然後把它與其他成千上萬的被測驗者所得的分值進行比較。這樣，這個個體的性格基本上能確定下來，而且通過這些分析可以預測個體的行為。這種測驗的優點在於它的客觀性，因為它可以通過把被測驗者的回答歸類直接賦值，並且把它們進行比較。不過，測定性格時要注意信度(Reliability)與效度(Validity)問題。

三、性格的五大方面

　　性格是一個複雜的研究領域，描述性格特性的詞成千上萬。在這裡我們只介紹研究中經常涉及的五個主要方面。它們是：

1. **認真**：指個體工作努力、有組織性、可靠的程度，與之相對的是懶散、無組織性和不可靠。

2. **外傾－內傾**：指個體愛交際、自信和合群的程度，與之相對的是沉默寡言、缺乏自信和不合群。

3. **認可性**：指個體合作、熱心和贊同的程度，與之相對的是好鬥、冷漠和不贊同。

4. **情緒穩定性**：指個體穩定、平靜、高興的程度，與之相對的是不穩定、焦慮、抑鬱。

5. **體驗的廣度**：指個體有創造力、好奇和有修養的程度，與之相對的是注重實踐和興趣狹窄。

　　心理學家用客觀測驗法來測定性格的上述5項內容，下面我們來看一個簡例。

　　根據你對每一問題同意或不同意的程度，在左邊的橫線上標出一個分值。其中5表示非常贊同；4表示贊同；3表示不予置評；2表示不贊同；1表示非常不贊同。

認真：

_____我經常保持房間乾淨、整潔。

_____人們普遍認為我非常可靠。

外傾－內傾：

_____我喜歡充滿刺激的生活。

_____我常常感到非常快樂。

認可性：

_____我對他人一般非常有禮貌。

_____從來沒有人認為我冷漠和害羞。

情緒穩定性：

_____我經常擔心我無法控制的事情。

_____我經常感到悲傷和失落。

體驗的廣度：

_____我有極大的好奇心。

_____我喜歡變化帶來的挑戰。

說明：把每一次的分值相加，分值越高，表明具有這五項被測性格特徵的程度越高。

研究表明，性格的這五大方面非常重要。認真度高和情緒穩定與高績效密切相關。其他例如認真度高的人曠職的可能性比認真度低的人小，而外傾型的人曠職的可能性比內傾型的人大…等。在實際的管理活動中，上述5項內容是緊密相連的，對每一行為的解釋都應綜合這5方面進行。人在不同的環境中會表現出不同的性格特性，因此要對個體有全面的認識，必須從不同的性格側面去了解。

四、A型與B型性格

在現實生活中，我們經常會發現有些人總是匆匆忙忙，他們好競爭且易煩躁，我們稱這類人的性格為A型。相反我們將那些從容、不愛競爭、容易相處的人的性格稱為B型。這是兩種截然相反的性格。具有這兩種性格的人在工作中也表現出很大的差異。這些差異可概括為三個方面：個人健康、工作績效及人際關係。這裡我們只對A型個體的工作績效和人際關係進行考察。

1. A型性格與工作績效

A型和B型個體在競爭性上存在很大的差異。A型往往尋求那種難度大、富有挑戰性的工作。不管有無壓力或期限限制，他們都往往比B型個體先完成任務。然而，我們不能說A型優於B型。A型在需耐心和細心的工作上表現並不如B型。有調查表明高階管理人員大多屬於B型而非A型。

總之，A型和B型都有其適用的界限，A型個體能把時間緊迫且單項的工作完成得很出色，而B型個體在不講速度但求作出準確複雜決定的工作中更具優勢。因此A型或B型哪一個使員工工作效率更高的問題就歸結為人與工作相適應的問題。只有人們從事適合他們的工作，他們的能力才得以發揮，工作效率也才能得以提高。

2. A型性格與人際關係

良好的人際關係是成功的一個重要方面。研究表現出A型因缺乏耐心，容易發脾氣往往會引起同事的不滿，A型在工作中與同事的矛盾衝突會比B型多。近期研究表明，A型還會採取破壞工作效率的行為。該怎樣發揮A型的優勢，引導其處理好人際關係，以維護組織內團結，避免消極影響，這給管理者一項新的挑戰。

五、自我效驗(Self- Efficacy)

自我效驗指個體對自己能否成功完成具體工作的能力的信念。自我效驗由三個基本部分組成：1.量度；2.強度；3.普遍性。

1. **量度：**個體認為自己所能勝任的工作的層次。

2. **強度：**個體對自己能完成這一層次工作的信心。

3. **普遍性：**在一個情境或一項工作中的自我效驗擴展到其他情境或工作的程度。

當在特定的工作背景中考慮時，自我效驗嚴格說來並不是性格的一個方面。然而，人們在調整動機、認知及採取措施應對生活中的事件時需要對自己的能力有所估計。這些同工作相關的能力在一段時間內是比較穩定的，因此，可以視它們為性格的一個重要方面。

自我效驗的形成涉及到兩個因素：一個是直接經驗，即個體從過去同類工作所得的經驗；另一個是替代經驗，即間接地觀察他人做過此類工作而獲得的經驗。要注意的是，在實際執行任務中獲得的新經驗可以調整自我效驗。

自我效驗會極大地影響管理生活中的一些重要方面。自我效驗高的個體在實際工作中也的確能夠成功，至少他們比那些懷疑自己能力、自我效驗低的個體表現出色。自我效驗高的個體當對自己的能力持樂觀態度時，往往能竭盡全力去排除工作中的障礙；自我效驗低的個體往往因認為成功的機會太小而輕易地把它放棄。無疑自我效驗高的個體更能體會到工作和生活中的樂趣。

慶幸的是自我效驗不同於性格的其他方面，它是可以改變的。那些對自己信心不足的個體，可以通過具體實踐，以積極的眼光看待自己，從而增加信心。這種變化，會給生活帶來意外的驚喜。因此，在管理生活中，管理者應針對不同的個體採取一些具體措施來提高他們的自我效驗。

六、自我監控(Self-Monitoring)

自我監控指個體根據具體的情境來改變自己的行為以給他人留下最佳印象的性格特性。在現實生活中我們能夠發現有些人對部屬採取一種態度，而對上司卻是另一種。另一些人對其他的不同群體的成員一視同仁，只採取一種態度。高自我監控和低自我監控的個體在工作績效、事業成功及人際關係等方面存在著重大的差異。

1. 自我監控與工作績效

個體在自我監控上的差異帶來了工作績效的差異。高自我監控的人在組織中往往比低自我監控的人更能勝任「橋梁」的角色。這種角色要求個體與不同群體的人溝通與互動。例如，商學院的院長扮演的就是這樣一種角色。

這種角色需要由自我監控強的個體來扮演。因為他們能改變自己的行為來適應不同群體的準則、期望和風格，而且他們也往往能夠獲得成功。低自我監控的個體卻很難適應別的群體，也就不可能在這類工作中取得成功。這就要求在管理中，應根據工作的性質及個體性格特徵來選擇適當的人選。

2. 自我監控與事業成功

在實際工作中，高自我監控的個體比低自我監控的個體更容易得到提拔，特別是由一個公司晉升到另一個公司。

高自我監控個體成功的原因有二：第一、他們適應環境的主動性及取悅他人的行為方式使他們在前途上嶄露頭角。面對不同的情境，高自我監控個體關注的是這個情境需要什麼樣的人，而他又能怎樣盡量成為那種人。然而，低自我監控個體關注的是，在這個情境中我該如何盡量成為我自己。結果是前者給人留下良好印象，能較快得到提拔，從而也能早日踏上成功之路，事業蒸蒸日上。第二、他們站在他人角度看問題的能力。促使他們能客觀看待問題，同時給他人留下特別印象。

3. 自我監控和人際關係

高自我監控個體在工作事業上較易取得成功，但是因其善變，而經常被認為是不可靠，甚至耍手段印象。人們把他們稱為變色龍。由於他們要根據情境不斷變換自己的行為，因而他們的人際關係是不穩定的，他們的朋友是不斷變換的，而低自我監控個體卻能和幾個人建立深厚的友誼。在實際工作中，管理者應識別不同自我監控的個體並發揮他們的長處。

七、馬基維利主義

是指個體為達到個人目的而利用他人的一種性格。

1513年，馬基維利(Niccolo Machiavelli)出版《君主論》一書，他提出攫取和執掌政治權力的殘酷策略。他的方法的本質是權術。使我們深感慶幸的是我們周圍的人大多數都沒有採取馬基維利的哲學。然而，似乎仍有人採用了他的指導原則。下面我們先來測一下自己的馬基維利主義特性。（見下表）

具有馬基維利特性的個體精明、圓滑、容易撒謊、利用欺騙他人不會感到不安、冷漠、沒有同情心。此外，他們也往往易衝動，沒有責任心，易感到煩躁。在具體行為表現上，主要表現在：

1. 故意不與你共用重要資訊（如聲稱「忘記」告訴你重要的會議或安排）。
2. 用巧妙的方法使你看起來不善於管理（如用微妙的讚揚來指責你）。
3. 不承擔應盡的義務（在共同承擔的專案上不堅持到底，因而令你難堪）。
4. 大肆傳播有關你的謠言（如捏造事實令你在別人面前尷尬不堪）。

請你根據自己的實際情況，在題目前的橫線上填入相應分值。1.表示非常不同意；2.表示不同意；3.表示不予置評；4.表示同意；5.表示非常同意。

1. 對待人的最好的方法是跟他們說他們喜歡聽的話。
2. 當你請求別人幫忙時，最好是提出真實的理由，而非誇大其辭。
3. 完全信任他人是自找麻煩。
4. 不走捷徑、對規章制度不予以變通是很難獲得成功的。
5. 所有的人都有惡的本性，如果有機會它們就會暴露出來。
6. 對別人撒謊是不對的。
7. 大多數人基本上還是好的、善良的。
8. 大數人只有在強制下才會努力工作。

說明：如果你較為贊同1.、3.、4.、5.、8.各題，而不十分贊同2.、6.、7.題，那麼你的馬基維利特性就較強。

（參考：Jerald Greenberg, Robert A．Baron：《Behavior in Organizations》, Prentice-Hall Inc., New Jersey, 1997, p111~112.）

　　具有馬基維利主義特性的個體並不總是隨心所欲、一帆風順的。他的成功至少要受兩個重要因素的影響：工作的性質和組織的特性。例如，他們負責高度自主性的工作，就不一定能取得成功。因為做這種工作的人有很大的自由空間可以按自己的意願行事，同時這也給了他們避免與具有馬基維利主義特性的個體互動的機會。他們在結構渙散的組織中工作往往能成功，因為組織規章制度不健全，他們就可以不受束縛，按自己的意願辦事。但是在結構緊密的組織中卻不行。

　　為了避免馬基維利主義特性帶來的消極影響，管理者可以試一下以下三種方法：(1)把他們的行為和謊言暴露於大庭廣眾之下。(2)注意他們的所作所為而非他們所說的話。他們是口蜜腹劍的人，他們的話不可輕信。(3)避免給他們創造有別於公司企業文化的的環境。這是上策。如果不行的話，也千萬別被他們所利用。

八、「百靈鳥」型與「貓頭鷹」型

　　百靈鳥型指早上感到精力最充沛的個體；貓頭鷹型指晚上感到精力最充沛的個體。百靈鳥型個體在早上精力旺盛，能輕鬆自如地應對工作學習，但到了晚上卻精神渙散，感到壓力倍增；而貓頭鷹型卻正好相反。若安排百靈鳥型的員工上夜班，既會損害健康又容易發生事故，從而降低工作效率。因此對於管理者來說，識別百靈鳥型和貓頭鷹型的員工，並依其特徵安排工作，對於員工和組織來說都是非常重要的。

你了解你自己嗎？其實每一個人都有個別特點，個別的差異不是只有學歷、身高、體重、相識。其實個別差異往往是決定我們工作表現的關鍵。

職｜場｜話｜題

混合職場，疫後拼成長－動態績效管理

在COVID-19疫情爆發後，雙北市宣布進入三級警戒，不到一週內，全臺都進入到三級警戒，從生活起居到工作模式，瞬間讓大家無法適應！有些公司採取遠距辦公、分流上班、彈性上下班，此次的疫情檢驗著企業營運的情況，漫長的三級警戒，正考驗領導者處理營運的危機能力，到底如何配合新的工作常態，來調整公司營運的體質，才能夠順利面對困境呢？

KPMG在《COVID-19：亞太區企業韌性指南》提出針對營運韌性－企業在人員管理上面臨的問題，如同理心、能力、能量、成本、連結力、合乎規定等5項挑戰。另外，在混合辦公的模式下，管理工作更顯吃重，如何設定目標、提高工作效率、如何服務顧客等問題，將是面對新工作型態的挑戰！當管理者想要領導混合工作團隊來達成更高效的生產力，管理者除了提供個人化的工作安排，另外在溝通中，盡量加入非語言的訊息，例如：透過視訊，讓彼此看到表情與聽見語氣，在日常的工作管理，可以注意下列幾項具體作法：

一、增加互動的頻率

二、創造人際的小互動

三、提出可行的目標

四、可確認交流機制

五、處處公平

六、互動依情境而定

當建構混合跟高績效的工作職場，我們可以來看看國際企業「百事可樂」的例子，百事可樂推動混合辦公新策略，在三級警戒開始的一週最多允許兩天員工去公司工作。但在疫情延續之下，百事可樂投入一項計畫，由員工自由選擇遠距跟實體辦公的天數，員工可以以團隊中的職務跟個人需求，自己與主管討論工作模式。「辦公室」重新被定義為強調百事可樂企業文化的「實現場所」，用來進行團隊創造、協作、慶祝與聯繫的地點。

資料來源：曾欣儀，能力雜誌，第 787 期，P30~33

第三節　能力

一、能力(Ability)

能力是指直接影響個體順利有效地完成活動的個性心理特徵。能力是在人的生理素質的基礎上，經過後天的教育和培養，並在實踐活動中形成和發展起來的，由於各種活動方式不同，所需要的心理特徵在個體身上的發展程度和結合方式的不同，形成了能力的個別差異。

根據能力的傾向性不同，我們將能力分為一般能力即智力(Intellectual Abilities)和特殊能力兩類。前者適用於較廣範圍，是從事多種活動所需要的基礎能力，如觀察力、記憶力、思維力、想像力、操作能力等。後者是適於較小的範圍，是從事特殊領域活動所必須具備的能力。下面我們著重來介紹一下智力。

二、智力(Intellectual Abilieies)

智力是指個體通過思考來理解複雜概念、迅速適應環境、學習經驗、進行各種形式的推理及排除障礙的能力。過去人們說的智力實際上指的是心理學家稱的認知力(Cognitive Intelligence)。個體的認知力千差萬別，同時，不同的工作也向個體提出不同的認知力的要求。例如作為一個高層管理人員，他就必須能綜合處理、使用複雜的資訊。而其他一些常規的工作卻不需要這種資訊處理的能力。

今天人們理解的智力超出了認知力的界限。智力已不是一種簡單的能力，而是不同能力的組合。接下去我們要介紹的實踐力和情商就是其中的兩種智力形式。

1. 實踐力 (Practical Intelligence)

實踐力是指個體熟練解決生活中實際問題的能力。它不同於IQ測驗測試的智力，但是它在管理活動中同樣非常重要。實踐能力之所以能成功地解決實際問題，是基於個體對有關如何做好事情的知識之準確把握。這種知識有三大特點：

(1) 有明確的行動導向性。這種知識解決的是「如何做」，而不是「是什麼」的問題。例如，一個建築工人知道怎樣修建房屋，卻可能不知道其中要涉及力的原理等。

(2) 使個體達到他們追求的個人目標。

(3) 獲得這種知識通常不需要他人的直接幫助。這種知識一般都是由個體自身獲得的，因為它是不可言傳的。人們必須靠自己去發現它們的價值。

2. 情商 (Emotional Intelligence or EQ)

根據丹尼爾・戈曼(Daniel Goleman)的理論，**情商也是一種重要的智力形式，它是指與生活中的情感有關的一系列能力。如調整自己情緒、影響他人情緒、自我激勵的能力等。**

它由下列幾個主要部分組成：

(1) 認知和調整自己情緒的能力。具有高度情商的個體能感知自己的情緒變化並盡力控制它。

(2) 清楚認識和影響他人情緒的能力。具有高度情商的個體能準確把握別人對他們的話題感興趣的程度，並能使別人對他們自己的想法保持持久的熱情。

(3) 自我激勵的能力。具有高度情商的個體面對任何任務時都能激勵自己堅持努力工作，絕不退縮與放棄。

(4) 與他人建立長期友好關係的能力。具有高度情商的個體隨著時間的流逝、生活的變故仍能和他人保持長久的聯繫。他們往往具有協調複雜人際關係的能力，並獲得他人的愛和信任。

阿里巴巴創辦人馬雲擅用不同人才，讓組織成長。
照片來源：https://www.flickr.com/photos/60258043@N04/17212786512

情商是了解、認識他人的一種能力，是與他人愉快共處的基礎，是個體事業成功的一個重要環節。

個體之間存在著能力差異。這不僅表現在不同的人具有不同的能力。因此在管理活動中，管理者應注意因人制宜，量才適用。

生命如杯子

三個兄弟一同進城辦事，每個人都事先想好各自想購買的東西，他們皆想購買一個有蓋的提式玻璃杯，當他們忙完要事後便逛了幾家著名的商場，終於在商場中發現了一個素雅的玻璃杯，只有15元，三個人也就在那裡買了3個杯子，回到旅館經過一番洗滌之後，三個人各自使用各自的玻璃杯泡茶，但美中不足的是，三個杯子各自有其缺陷，例如：老大的杯蓋滲水，老二的杯座不合，而老三卻沒有問題，老大及老二有些失望，但老三突然想到老大常下鄉，可用他的杯蓋，而老二在辦公室工作，杯蓋即使滲水也無傷大雅，沒了杯蓋也可以使用，至於老三則用了沒杯座的杯子，剛好適合當農夫的自己在田裡使用，經過如此調配大家皆滿意，此刻你是否想過，三個杯子背後正象徵以不同的生活方式，而每一位依據各自的位置去選擇適合自己的杯子，最後也獲得滿意，避免了許多爭執。

一生中的課題，當然勝過這三個杯子，隨時調整手中所握的杯子你就能享受它的好處。

※心靈筆記※

_____

_____

_____

_____

_____

_____

_____

_____

_____

第四節　態度

一、態度(Attitudes)

1. 定義

　　態度指個體在所處的環境中對特定事物所持有的相對穩定的看法、情緒反應和行為傾向。

2. 構成

　　態度由三個主要因素組成：情感因素、認知因素、行為傾向因素。

　　情感因素指個體對特定人、事、物的喜歡或厭惡的內心體驗，如員工對上司、對工作環境、對組織人事調動都可能產生積極或消極的情感體驗。

　　態度除了情感因素以外，還包含個體對特定事物的評價因素，即認知。它是指個體對特定物件的了解和評價，不管是真是假。如某一員工可能會認為同事的薪資比自己高或上司對部屬的工作一竅不通等。

　　個體對特定事物的認知和情感體驗會影響他們的行為傾向。行為傾向指認知因素和情感因素決定對特定事物的反應傾向，即行為的準備狀態。行為傾向不是行為本身，它並不意味著實際的行為一定會與之一致。如一名員工因公司離家遠而想換一個工作（行為傾向），但一時又找不到更好的工作，因此，他只好打消找新工作的念頭（實際行動）。

電話那端所傳達的並非只是傳達資訊而已，更重要的是傳遞你對客戶的用心態度

二、工作態度(Work-Related Attitudes)

　　工作態度是指個體對工作本身及工作環境的態度。它包括個體對工作、對組織和對人的態度。工作態度對管理活動的許多方面如工作績效、出勤及人員變動等都有重要影響。

三、工作滿意度(Job Satisfaction)

（一）定義

工作滿意度是指個體對他們的工作本身所持有的積極或消極的態度。

（二）有趣的發現

在詳細論述工作滿意度的測量、有關理論、滿意度的影響因素及它的主要影響之前，我們先來看一下有關工作滿意度的有趣發現。

1. **不同群體的成員對工作的態度存在很大差別**。研究發現：(1) 白領（如管理者、自由職業者等）的工作滿意度比藍領（如體力勞動者、工廠工人等）高。(2) 老年人的工作滿意度普遍比年輕人高。有趣的是，工作滿意度不是平穩增長的。在 30 幾歲時人們的工作滿意度較高（因為他們已較為成功），到了 40 幾歲時就有所下降（因為他們已不抱什麼幻想），到了快 60 歲時又開始回升（因為他們已把自己交給了命運）。(3) 經驗豐富者的工作滿意度比缺乏經驗者高。一個人工作時間越長，就越能以積極的目光去看待自己從事的工作。(4) 女性及少數群體 (Minority Groups) 成員的工作滿意度比男性及多數群體 (Majority Groups) 成員低。因為由於受歧視，他們往往被限制在層次較低的工作和職位上，很少有發展的機會。

2. **不同個體的工作滿意度存在著差異**。在現實生活中你可能會發現，有些人不停地抱怨工作，不斷地更換工作，而有些人在不同的工作崗位卻都能做得踏踏實實。研究者認為工作滿意度是一種相對穩定的、在不同的情境中始終跟隨著個體的個性特徵。

（三）工作滿意度的測量

個體對於工作的態度並不如我們想像的那樣容易把握。我們無法直接觀察態度，也不能根據人們的行為準確地推斷出他們的態度。因此，我們根據人們的表述來確定他們的態度。但人們有時往往隱藏自己的真實想法。社會科學家們經過不斷地努力，已創設了幾種可靠、有效的方法來測量工作滿意度。下面我們來介紹幾種常用的方法：

1. 量表法或問卷法

這是人們通過回答問題來反映他們的工作滿意度的方法。它是測量工作滿意度使用得最普遍的方法。這些量表在形式和測量範圍上存在著很大的差別。

JDI(Job Descriptive Index)是其中最常用的量表之一。它是通過讓個體選擇描述工作不同方面的形容詞來評價工作滿意度的方法。JDI量表的問題涉及工作的五方面內容：工作本身、報酬、晉升機會、管理和同事。

另一種常用的量表是MSQ(Minnesota Satisfaction Questionnaire)。它是通過讓個體對工作不同方面的滿意度作出選擇來測量工作滿意度的方法。得分越高，表明工作滿意度越高。

除了JDI和MSQ這種測量對工作各個方面的滿意度的量表外，還有專門測量工作特定方面滿意度的量表，如PSQ(Pay Satisfaction Questionnaire)就是測量對報酬各個方面（如工資級別、工資管理制度及獎金）滿意度的方法。

量表法的優點在於：第一，運用這種方法可以迅速且有效地測得許多人的工作滿意度。第二，用量表進行大規模的測量後，就可求出人們的平均得分值，以此為參照，就可得出組織中個體對工作滿意的程度。管理者可以找出差異並對症下藥。

▶ 表4.1　常用的測量工作滿意度的量表法[1]

JDI	MSQ	PSQ
在每個描述後前填「是」、「否」或「？」 工作本身 墨守成規＿＿＿＿ 令人滿意＿＿＿＿＿ 好＿＿＿＿＿	請按滿意度選擇下列選項前的數字填在橫線上 1=非常不滿 2=不滿 3=不置可否 4=滿意 5=非常滿意 個人能力的發揮	請按滿意度選擇下列選項前的數字填在橫線上 1=非常不滿 2=不滿 3=不置可否 4=滿意 5=非常滿意 我的薪水標準
晉升 沒出路＿＿＿＿ 機會很少＿＿＿ 有晉升的最佳機會＿＿＿	＿＿＿＿職權的運用 ＿＿＿＿公司政策和實施情況 ＿＿＿＿獨立性 ＿＿＿＿上下級關係	＿＿＿＿我目前的薪資級別 ＿＿＿＿對增加薪資的滿意度 ＿＿＿＿增加薪資所依據的標準

1　參考：Jerald Greenberg, Robert A Barton:《Behavior in Organizations》, Prentice-Hall Inc., New Jersey, 1997, P174.

2. 關鍵事件法

它是指通過個體陳述工作中特別滿意或不滿的事情，根據他們的回答發覺潛在的問題，從而測得工作滿意度的方法。例如，許多員工提及管理者待人粗魯，那麼這就表明領導風格對員工的工作滿意度起著重要作用。

3. 面談法

它是指與員工直接進行認真的、面對面的交流。當面詢問員工的態度往往比運用結構緊密的問卷更能獲得深層的資訊。通過認真提問和系統記錄員工回答，我們就能找到造成各種工作態度的原因。

（四）對工作不滿的後果

我們對員工的滿意度的重要性已作了介紹。它確實會產生影響，但是其效果並非如我們想象的那樣難以想像設想。下面我們將從兩方面來談員工不滿帶來的後果。

1. 工作滿意度與員工的退卻 (Withdraw)

當員工對工作不滿時，他們就會設法逃避工作，逃離不利的組織環境，這種現象就叫員工退卻。它的兩種主要表現形式是缺勤和離職。

員工對工作的滿意度越低，他們缺勤的可能性就越大。不過兩者之間僅是中度相關，對工作不滿只是影響員工缺勤的因素之一。例如，雖然某些員工不喜歡目前的工作，但如果他們意識到他們在場對完成該工程很重要時，他們就不會缺勤。

員工另一種逃避工作的方式是離職。員工對工作的滿意度越低，他就越有可能離職。和缺勤一樣，離職與對工作不滿也只是中度相關。許多因素（如經濟收入、工作環境等）都可以促使員工放棄舊工作，尋找新工作。而且員工在作出離職的決定時也會受諸多因素的影響。如果能找到新工作，他們就會作出去留的決定。研究表明，經濟狀況和工作機會對離職有很大影響。研究者們根據不同時期的失業率資料推測，當失業率低時，工作態度與離職之間的關係較強，反之則弱。這是因為當失業率低時，員工意識到就業機會較多，尋找一份新的工作不成問題。相反，失業率高時，哪怕員工對目前工作不滿，也不會輕率地離職。

員工的這些消極行為增加了人員培訓和其他工作的費用支出，給企業帶來不必要的經濟負擔。同時，又影響了組織運轉的整體效率。

2. 工作滿意度與工作績效

　　若憑直覺你可能會認為工作滿意度高，員工績效相對提高。但經過大量研究後發現，工作滿意度與工作績效之間的相關係數僅為0.17，兩者之間的關係很複雜。在現實生活中，你可以找到四種組合，即低滿意度－低績效、低滿意度－高績效、高滿意度－低績效、高滿意度－高績效。那為什麼兩者的相關性如此之低呢？對此有幾種解釋。

　　第一、在許多工作環境中，提高績效變動幅度不大。有些工作制度嚴密，有最低績效限制，員工至少要保持最低績效，否則就會被解雇。而其他有些工作，要超出最低績效標準卻很難。這樣，可以說員工的績效受到了嚴格的限制。而且，同事之間的配合、機器運轉的速度都可能影響績效。工作滿意度在這兒的作用很小。

　　第二、工作滿意度與工作績效無直接聯繫。即第三變數（獎勵）才是造成兩者之間關係的真正原因。此說認為，工作滿意度和工作績效是第三變數（獎勵）的函數。管理者根據績效對員工予以物質和精神上的獎勵。如果員工認為這些獎勵是公平的，即獎勵與績效是對等的，那麼他們就會認為績效與收入之間有著聯繫。從而導致兩種結果，即高績效和高滿意度。也就是說，高績效與高滿意度都來源於同一外來因素，而這兩者並不直接相關。

員工的去與留，是考驗著管理者的績效，同時也是檢視公司是否已達到「顧客滿意度」的階段

　　工作績效雖不受工作滿意度的直接影響，但是工作滿意度本身是非常重要的。事實上每個人都希望工作能使自己滿意。這樣才能避免種種消極影響，使個體自身的價值得到應有的發揮。

（五）提高工作滿意度的途徑

　　儘管員工的不滿或許不能解釋他們的所有行為，但是提高滿意度是重要的，因為它能為員工帶來快樂。那麼，我們應如何提高滿意度呢？根據研究者們的研究成果，我們可以提幾點意見供大家參考。

1. 營造一個輕鬆愉快的工作氣氛

人們很難在枯燥乏味的工作中找到樂趣，因而對工作的滿意度也就低。當然我們不能保證每一項工作都充滿著樂趣，但是對於那些本來就枯燥的工作，我們可以採取一些有創意的辦法來營造一個快樂、充滿樂趣的氣氛，從而提高員工的滿意度。如拍攝工作時的花絮，並在櫥窗內展出，組織各種競賽等。這或許不能給工作本身增添樂趣，但愉悅的氣氛卻能減少不滿。

2. 公平報酬

報酬制度不合理往往會引起員工的不滿，這不僅適用於工資，也適用於福利待遇。

依員工的興趣安排工作。如果人們發現自己的專長能在薪資作中發揮出來，那麼他們的滿意度就會高。因此目前許多企業皆對員工進行職業以外的興趣測試及生涯規劃甚至提供員工個別的諮詢。

四、組織歸屬感(Organizational Commitment)

1. 定義

組織歸屬感是個體對組織的態度，是個體融入組織或樂於繼續待在組織中的程度。

組織歸屬感視為一種工作態度與工作滿意度毫不相干。因為兩者指向的對象分別為組織與工作。個體可能喜歡他從事的工作而不喜歡工作所在的組織，反之亦然。由此可見，研究組織歸屬感是非常重要的。在探討組織歸屬感對組織功能的影響和提出增強組織歸屬感的方法之前，我們先來看一下組織歸屬感的類別。

2. 分類

不同的組織歸屬感存在著差異，研究者已區分了三種歸屬感。

(1) 延續歸屬感(Continuance Commitment)是指個體因認為離開組織會給自己造成損失（如失去親密的朋友）而願意繼續留在組織為其工作的強度。人們在一個組織中待的時間越久，尋找新工作要忍痛割愛的東西就越多。因為他們若離開組織，多年苦心經營起來的東西就會化為烏有（如退休安置、深厚的友誼等）。

許多人一直忠於他們的工作僅僅是因為他們不願失去這些東西。我們認為這樣的個體，他們的延續歸屬感強。然而，隨著終身雇用制的取消，人們的延續歸屬感已大不如前了，以工作穩定換取忠誠度在今天的時代已經失去了魅力。

(2) 情感歸屬感(Affective Commitment)是指個體認同組織的潛在目標和價值而願意為其工作的強度。高情感歸屬感者贊同組織的主張並願意協助實現組織的使命。在組織面臨變故或經歷變革時，個體往往會質疑他們的個人價值觀是否和組織的價值觀保持一致，進而作出去留的決定。因此對於組織來說，在這緊要關頭，一定要重申其價值標準，盡可能地留住員工，從而保持組織的實力。

(3) 模範歸屬感(Normative Commitment)是指個體因感到他人的壓力而願意留在組織為其工作的強度。高模範歸屬感的人特別在乎別人對自己離職的看法。他們不願讓雇主失望，並且擔心同事會因他們的離職而心存疑慮。

3. 組織歸屬感的影響

組織歸屬感越高，員工離職缺勤的可能性就越小。因為歸屬感促使他們堅守崗位，哪裡需要他們就在哪裡出現。高缺勤率可能標示著低歸屬感。但是據研究發現，人們不願忠於本職工作，部分可能是由於他們不同的文化背景。如中國的管理者對員工的出勤率要求嚴格，哪怕對員工請病假也總有點不情願。因此就是歸屬感低的人也寧願待在公司或單位裡。然而讓不同文化背景的人驚訝的是，在台灣，員工請假辦私事似乎是天經地義的。原因之一就是員工認為休假沒有薪水，因而他們很少有愧疚感。因此僅是歸屬感還無法說明缺勤的真正原因。在不同的文化背景上研究個體的行為，這給管理者們提出了新的課題。

組織歸屬感強的人往往在危難時更能與組織共患難，為組織的利益作出犧牲。不過不是只有這種高姿態的行為才源於歸屬，實際上組織歸屬感強的人無論在大的方面還是在平時的日常工作中都能表現出一個好員工的本色。據研究發現，正職員工的組織歸屬感比臨時工強。這似乎很容易理解，雇主對他們缺乏責任感，反過來員工當然不會盡心盡職。

4. 提高組織歸屬感的方法

看來，員工的組織歸屬感對組織來說是非常重要的。那麼應該如何來提高員工的組織歸屬感呢？組織歸屬感的一些決定因素是管理者無法控制的。就如在前面提到的，就業機會多，工作選擇餘地就大，員工的延續歸屬感就弱。人員大量流失勢必給組織帶來不同程度的經濟損失，但是這是受整個經濟形勢控制的，管理者對此無能為力。不過，管理者還可以通過提高員工的情感歸屬感來避免這一消極現象，即採取一些與員工個人目標一致的措施讓員工在情感上產生依賴感。具體做法如下：

(1) 給予員工更多的自主權和參與權。人們如果能控制自己的工作，不受他人干涉，並且因作出貢獻而得到認同的話，他們往往有較強的組織歸屬感。管理者不僅要增加員工對工作的興趣，而且還要賦予其一定的責任。同時，還要讓員工參與組織決策，在工作上給員工更多的自主權（如有彈性的工作作息表等）。儘管這種做法無法使缺乏組織歸屬感的各種問題解決，但是它至少是能發揮一定作用的。

(2) 把組織的利益與員工的利益統一起來。如果員工看到組織的利益能給自己帶來好處的話，那麼他的歸屬感就會增強。目前，許多公司都採用利潤共享用的方案直接把員工的利益和組織的利益聯繫起來。這種利潤共享又分為按年分紅和按月分紅。按年分紅根據公司的總利潤、員工所屬部門的利潤和個體的業績來進行，按月分紅則按員工人數平均分配。這種做法對提高員工的歸屬感是非常有效的。

(3) 選用與組織價值標準一致的新員工。對於管理者來說，錄用新員工是非常重要的。這不僅因為它為組織提供了尋找新鮮的機會，而且錄用過程本身的動力機制是非常重要的。組織為員工付出的越多，員工回報給組織的可能就越多。在那些關注員工、千方百計地吸引他們的組織中，員工的組織歸屬感通常很強。

總而言之，組織歸屬感作為員工的一種工作態度，它會給管理活動帶來很大的挑戰。管理者不僅應選用有歸屬感的人，而且應採取各種措施來提高員工的歸屬感。

心 靈 劇 場

　　請你將家中成員的個別差異，用幾句話寫下來，同時請別的同學到你家做客，之後訪問他的感受，並分析你們彼此的心得。（家中成員：可以是社團、部門或你的死黨及宿舍室友）

自 我 省 思

1. 什麼是性格？你對自我監控和馬基維利主義這兩種性格類型怎麼看待？
2. 什麼是能力？你如何理解智力的概念？
3. 什麼是態度？它由哪些主要因素構成？
4. 什麼是工作滿意度？它與工作績效有什麼關係，為什麼？
5. 組織歸屬感是什麼？它可分為哪幾類？
6. 你如何看待現代社會存在著對女性和少數群體的偏見現象？

了解自我

自我控制之測試

請根據你自身的實際情況標出下列陳述是對還是錯。如果你認為對，請在橫線上填 T，否則填 F。

_____1. 對我來說，模仿別人的行為很難。

_____2. 我的行為通常能反映我真實的感情、態度和信念。

_____3. 在聯誼會和社交場合上，我總是盡力按別人的喜好來說話做事。

_____4. 我幾乎對任何話題都能聊上幾句，甚至是我知之甚少的話題。

_____5. 我根本不善於「表演」。

_____6. 我有時刻意表現自己，為了留給別人極深的印象。

_____7. 我發現很難為自己不相信的看法進行辯護。

_____8. 在不同的情境和不同的人相處，我常常以不同的方式行事。

_____9. 我不願改變自己的態度和行為，來取悅別人或贏得他們的認可。

_____10. 有時別人認為我流露的感情過分誇張。

_____11. 我並不特別擅長讓別人喜歡我。

_____12. 如果有充足的理由的話，我能不動聲色地撒謊。

_____13. 我對電影、書或音樂有自己的想法，在這些方面我從不聽取別人的意見。

_____14. 在聚會上，我一般不打斷別人的玩笑和話題。

_____15. 我並不總是表露真正的自我。

記分：每題 1 分，請根據以下答案計算你的得分：

1.F　　2.F　　3.T　　4.T　　5.F　　6.T　　7.F　　8.T

9.F　　10.T　　11.F　　12.T　　13.F　　14.F　　15.T

　　如果你的得分在8分或8分以上，那麼你的自我控制較高；如果在4分或4分以下，你的自我控制則相對較低。

分享題

1. 你的得分如何？你的得分與別人相比如何？

2. 高自我控制的人總是受益嗎？是不是在有些情境中，這個特徵反而會給個體的職業生涯和工作績效產生負效應呢？

3. 在以下幾種人中，你更喜歡哪些人的自我控制高些，哪些人的低些？

a. 銷售人員

b. 工程師

c. 會計

d. 人力資源部經理

（摘譯自：Jerald Greenberg, Robert A Barton:《Behavior in Organizations》, Prentice-Hall Inc., New Jersey, 1997.）

現│場│直│擊

誰說加班，就能訂披薩？

　　在每年12月是公司旺季，幾乎全公司的同仁有八成都會加班，不過每次旺季來臨公司都會賺錢，記得上週老闆娘來公司時，望見大家在如此認真且賣力的加班，在離開公司前說了一句「會計部，訂個披薩吧！大家辛苦了」，當天大夥皆歡喜的讚美老闆娘的平易近人！隔天，一樣到了晚上7：00，咦！大家怎麼沒去買便當或買小吃，整個晚上努力加班，此時公司門口有人大聲喊：「送披薩，總共2,000元」，大家皆轉頭看著會計部陳小姐，意思是「公司買單」，陳小姐也沒想到會有此事，但為了士氣，所以不願正面打斷員工，但員工卻又在第三日加班時，又訂了披薩，此時，恰好老闆娘從門口進來，業務部員工喊著：「老闆娘，快來吃披薩」，老闆娘一聽也忘記了前天叫披薩的事，直到大家下班後，會計部小玉才告訴老闆娘披薩的事，老闆娘一聽很生氣的說，我又沒說每次加班就可以訂披薩，是誰出的主意，明天告訴大家加班不能私自叫披薩，要訂「請自費」，若你是會計部小玉，碰見這個狀況，你會如何處理或者你是否有類似的經驗，同時，若你是員工碰見老闆娘有如此情緒變化，你的看法如何？你會如何建議老闆娘呢？

壓力

Chapter 05

學習目標

- 探討產生壓力的原因。
- 明瞭壓力的影響。
- 如何做好壓力管理。

名人語錄　有實力,慢一點進去都沒關係;沒實力,看得到、吃不到。

(阿瘦皮鞋總經理羅榮岳,摘錄自 93.5.7 工商時報)

第一節　定義

　　壓力(Stress)是指由外部刺激造成的個體的一種情感狀態、認知及生理反應的模式。這些外部刺激即引起壓力的外界環境的各種因素被稱為壓力源(Stressor)。**緊張(Strain)主要是指由壓力導致的對常態和正常功能的偏離，它是壓力積聚造成的後果。**這些後果主要有身體的病症和工作績效降低等。

　　為了能正確地辨識壓力、壓力源和緊張這三者之間的關係，我們拿現實生活中建築橋梁的例子來作類比。建造橋梁時，工程師關注的是外界事物作用於橋面的力。交通車輛就構成這樣一種力，這就是壓力源。在壓力源的作用下，橋面對此作出反應即橋梁彎曲，這是壓力反應。當壓力源的作用隨著時間逐步累積時，橋就開始受到損壞，如橋基開裂、梁變形彎曲。

　　當然，在這裡我們關心的是人而不是橋，但是原理卻是基本相同的。不過，對於人來說，這種過程就更為複雜，人們是否把外界環境的某一因素看成壓力源取決於他們對它們的認知評價。人們只有在感覺環境有潛在的威脅，並且超出他們的控制能力時才會有壓力。

員工過勞與工作壓力，往往是勞資糾紛的關鍵

第二節　產生壓力的原因

在工作環境中什麼因素會導致壓力呢？為了清楚起見，我們把它們分成兩類：與組織或工作有關的因素和與個體生活的其他方面相關的因素。

一、工作原因

有過工作經歷的人都知道，工作環境往往產生很大的壓力，不過它們之間也存在著差異，究其原因有：

1. 職業要求不同

不同職業的人對此應有不同的體驗。不管是常識還是研究都告訴我們像消防員、行政官員、外科醫生、會計、職業作家等，他們的職業要求不同，所感受的壓力當然也不同。一般來說，有以下要求的工作壓力較大。

(1)作出決策，如軍隊領導；(2)不斷地對設備進行監控，如雷達監控員；(3)反覆地與別人交換資訊，如證券交易人；(4)處於惡劣的工作環境，如礦工；(5)完成無規則可循的任務，如作曲家；(6)應對公司，如服務生。

2. 角色衝突 (Role Conflict)

大多數家庭夫妻雙方都是全日制工作，結果是工作和家庭兩者無法兼顧，造成工作和家庭責任之間的衝突。在這裡，配偶和孩子的期望經常與雇主的期望不一致。在現代社會中，這種衝突日益嚴重。不過慶幸的是，在實際生活中，家人的理解、支援、主管的體諒、同事的幫助，往往能減輕壓力帶來的影響。

3. 角色不明 (Role Ambiguity)

是指個體對工作要求的不明確性。當個體不知應如何去完成工作的要求時，往往會感到壓力。儘管大多數人都討厭工作要求的不明確性，但是這是不可避免的，而且實際上還相當普遍。據一項調查顯示，有35~60%的員工不同程度地體驗到由角色不明引起的壓力。有趣的是，不同文化背景的人對角色不明的體驗在程度上有所不同。研究結果表明，亞非國家的員工比西方國家的員工在這方面的壓力要小得多。

4. 超負荷 (Overload) 和低負荷 (Underload) 工作

　　超負荷工作分兩種，一種是要求個體在特定時間完成多於他們所能完成數量的工作，另一種是要求個體完成超出他技術和能力水平的工作。這兩種情況都會引發員工的消極情緒，從而導致壓力。低負荷工作也分為兩種，並且也都會引起員工的不快。因可執行工作太少而造成員工感到厭倦、無聊、空虛或因工作機械化、常規而使員工覺得缺少刺激、無新鮮感。

5. 缺少社會支援

　　當個體感到壓力時，自然而然地可能會尋求家庭避風港的庇護、摯友的理解和幫助，並因此能重新揚起奮進的風帆。但是如果一個人單獨面對困境，他所受的壓力就要大得多。因此，尋求他人的幫助與支援不失為一個減少壓力的好辦法。

當工作量已超過負荷時，你又該如何

每個年齡都有其個自煩惱與壓力

二、工作以外的原因

　　生活中除了工作這一主要活動以外，還有其他活動。而在工作以外環境中造成的壓力往往會持續並影響到工作。我們把造成這種壓力的原因分成兩類：

1. 生活中的大事

　　在生活中，人們可能會經歷離婚、配偶去世、孩子受傷害、股市下滑等這樣的創痛和變故。這種事件給當事人帶來的後果是，需要很長時間來調整心態、恢復平靜。需要調整心態的時間越長，就說明造成的壓力越大。

2. 日常的繁瑣

上面所提的給人們造成創傷的大事，畢竟不是天天發生，有人可能生活了幾十年，還沒遇到過一次。但是日常的繁瑣事物仍會擾亂生活的平靜。如無暇購物、做飯，財政吃緊，小孩沒人帶等等。這些日常的瑣事的打擊力度雖然小，但發生的頻率往往很高，這樣造成的壓力也就很大。對這種壓力千萬不可等閒視之，它同樣會對我們的健康和生活產生影響。

面對線上同事，如何合適表達工作的建議與想法正是在家工作的挑戰！

當正式會議開始，孩子需要在旁，又如何雙方兼顧正考驗工作、家庭的平衡！

職 場 話 題

面對壓力你習慣抗壓還是舒壓？別讓壓力成為壓垮身體的最後一根稻草

壓力是現代人的文明病，幾乎人人都有類似的經驗。適度的壓力能激發個人的潛能，但若太大的壓力卻又不懂得排解，就會演變成健康的殺手。現代人不可不慎！！

現代人視壓力的存在就好比每日吃飯、睡覺等作息般自然，不管是大人或小孩也總在有意無意間，會將「壓力」兩字掛在嘴邊。

但老實說「壓力」兩字看似無形卻有形，有人是無時無刻都能感覺到它的存在，稍有不適或情緒的起伏，就怪罪到是有壓力造成，但也有人即便是泰山壓頂，仍不感覺到有絲毫異狀而泰然處之。

許多人說壓力是新時代的產物，壓力到底是從何而來，從事所謂高壓力工作的你，知識壓力的累積是有一定限度的嗎？當超過額度時，身體是會出現警訊的；另一方面，你知道什麼才是有效的舒壓法？

舒壓小撇步

看精神科一定就是看精神方面的疾病嗎？答案當然是否定的，在精神科中有一些不錯的專業舒壓法，學會後可以用在日常生活中，例如生理回饋法、自我暗示法、與肌肉放鬆練習等。

此外，運動也是不錯的舒壓方式，因為人在運動時，體內會分泌一種名為腦內啡(ENDOPHIN)的物質，可以達到情緒放鬆的目的。此外，在靜坐（類似自我暗示法）、音樂治療、畫畫、捏陶時，腦中的 α 波也較活躍，而 α 波越活躍，整個人也越感輕鬆、舒服、自在，因此被認為可以當成是輔助性的舒壓法。

資料來源：黎嘉瑜，突破雜誌，第 224 期，P94~96

心靈小站

何苦生氣

　　在皇宮中有一位妃子經常生氣，不論大小事都讓她大發雷霆，她自己也覺得不好，乾脆經人引見高僧去處，希望能開悟並改掉壞脾氣，當高僧靜靜聽完妃子的敘述後一言不發的將她帶往一座禪房，便關上房門同時加了個大鎖就離開，此時妃子真是暴跳如雷氣急敗壞，即使她聲嘶力竭，也沒人理它，但她已沒力叫罵，轉為用哀求口氣叫高僧幫忙時，高僧終於打破沉默說：「妳還生氣嗎？」妃子說：「我只是為自己生氣，我為何要主動來此受氣呢？」「連自己都無法原諒自己的人，又怎能心平氣和？」高僧如此說，便拂袖而去，過了一會高僧又前來問妃子：「妳還生氣嗎？」妃子答：「不生氣了。」而高僧又問：「為什麼？」妃子卻回答：「生氣又有什麼用呢？」高僧回應妃子說：「可見妳的氣未消逝，依然壓在心中，爆發後會更劇烈。」說完後，高僧又走了，等到第三次高僧又到門口，妃子告訴高僧：「我不生氣了，因為生氣不值得。」此時高僧笑了回答妃子說：「妳還知道值不值得，可見心中還有恨。」當下妃子問高僧說：「什麼是氣？」而高僧將手中的茶水傾灑在地，妃子看了之後，突然領悟，拜謝後離去。

第三節　壓力的影響

　　在工作生活中，壓力是不可避免的。許多統計資料表明，壓力會對我們的生活造成不利的結果。這裡我們來著重介紹它對工作績效、心理健康及身體健康等方面的影響。

一、壓力和工作績效

　　大家可能都會設想，壓力越大，績效越糟；壓力越小，績效越佳。這在一定程度上可能是正確的，但近來越來越多的證據顯示哪怕壓力水平相對較低，也會對績效產生影響。人們可能會問，難道適度的壓力也不能改善工作績效嗎？當然，在某些情境中這或許是正確的，但是對大多數人來說哪怕是適度的壓力也仍會影響績效。因為它會令人心煩意亂，從而使受壓力的人執著於消極情緒，無心顧及工作；長期或不斷地

面對哪怕是最小的壓力也會使健康受損，影響人們的工作能力；甚至是適度的壓力也會使人產生高度的壓迫感，從而影響績效。

不過，我們也應看到應對壓力的個體差異。例如前面提到的A型個體，他們總喜歡積極尋找刺激，壓力對他們來說是令人振奮的。還有訓練有素的對本職工作真正精通的專業人員，他們會把壓力看成挑戰而積極應對，在壓力水平極高的情況下取得意外的績效。運動員就是極好的例子。

看來，我們對壓力和工作績效之間的關係不能一概而論，而是要依具體情境而定。任務的性質、個體的特徵等都會對此造成一定的影響。

現在的生態是資訊爆炸。每個員工不僅是跨部門的溝通，產生的許多看不見的壓力

二、壓力和心理健康

長期處於壓力環境中，會使人的心理承受能力下降，從而造成心力衰竭(Buruout)。它由三個主要部分組成：情感疲憊(Emotional Exhaustion)、人格否定(Depersonalization)和個人成就感低。

情感疲憊是一種身體和情感都處於衰竭邊緣的狀態。處於這種狀態的人覺得筋疲力盡，無法妥善處理工作任務。造成心力衰竭特別是情感疲憊的一個重要因素是個體對失去他們認為寶貴的東西（如社會支援、參與決策和工作晉升的機會等）和不能妥善應對工作要求的擔心。

人格否定指個體形成對工作冷淡、玩世不恭的態度。有這種態度的人認為他們所幹的事毫無意義或價值，而且認為別人也那樣想。

個人成就感低指對自己的工作成績評價消極的傾向。這種人覺得自己過去沒作出多大成績，而且以後也不會。

你經常感覺疲倦不堪嗎？靜下心，思考一下壓力源為何

下面我們來看一下心力衰竭的主要症狀：

▶ 表5.1　壓力與心理健康[1]

身體狀況	行為變化	工作績效
頭痛	煩躁	效率下降
失眠	喜怒無常	積極性受挫
體重減輕	承受挫折的能力降低	工作興趣全無
胃腸不適	冒險的願望強烈	壓力下處理事情的能力降低
疲勞	自我排遣（酒精和鎮靜劑）	思想僵化（封閉思考、刻板）

三、壓力和身體健康

壓力是身體健康的隱性殺手。一些權威估計50~70%的各種疾病在一定程度上都是由壓力引起的，諸如心臟病、中風、癌症、糖尿病、肝硬化、潰瘍、肺病、關節炎、頭痛等等。而且壓力同樣會對那些由細菌病毒等引起的傳染性疾病產生重要影響。壓

1　參考：Jerald Greenberg, Robert A Barton:《Behavior in Organizations》, Prentice-Hall Inc., New Jersey, 1997，下表同。

力常常會增加個體對患病的疑慮與擔憂。它可以造成醫學上、行為上和心理上與健康有關的後果（表5.2）。

倘若不能了解員工心態與公平對待，所引發的對立衝突，也將造成社會成本

▶ 表5.2　壓力與身體健康

醫學上的後果	行為上的後果	心理上的後果
心臟病和中風	吸菸	家庭衝突
背痛和關節炎	吸毒和酗酒	睡眠失調
潰瘍	易出事故	性功能障礙
頭痛	暴力	意氣消沉
癌症	欲望失調	
糖尿病		
肝硬化		
肺病		

現代人普遍壓力負荷過重，需要找尋舒壓的管道，同時了解壓力源如何產生

職｜場｜話｜題

高績效是壓出來的？

南瓜能承受的壓力，超過我們所想的好幾倍，那員工呢？許多主管認為員工可以承擔主管無法想像的壓力，運用高期望激勵能引爆他們的潛能，果真是如此嗎？

美國麻州Amhers學院進行過一項很有意思的實驗，研究者在南瓜剛開始生長的時候，用很多鐵圈將其整個箍住，以試驗南瓜在成長過程中到底能夠承受多大的壓力。最初研究人員預估的是500磅，然而在實驗的第一個月，小南瓜就承受了超過500磅的壓力，到了第二個月，承受的壓力已經超過2,000磅，這時研究人員甚至不得不加固鐵圈，以防南瓜將鐵圈撐開。最後，研究人員將壓力增加到5,000磅，南瓜才因為承受不了壓力而破裂。

現代管理學的研究顯示，如果企業內部的員工長期處於一種缺乏奮鬥目標的工作環境中，整天無所事事，沒有一整套行之有效的績效考核標準對他們加以約束和鞭策，那麼這些員工必然會在庸庸碌碌的日常工作中變得懶散，缺乏進取心，甚至對工作產生抗拒心理。

因此，透過適當增加外部壓力，如嚴格的績效考核、高期望激勵等措施，讓員工始終保持高昂的工作情緒，提高他們的工作積極性，一直是企業促使員工更加努力工作的方法。

搖落枯葉，新葉才能長出來

在壓力式的員工管理方面，香港媒體大亨黎智英的做法，不僅可以稱得上是嚴格，甚至可以說是苛刻。為了占據更大的讀者市場，追求更高的工作效率，他獨創了許多管理和考核機制，包括讓員工聞之色變的「鋤報會」。

為了及時檢驗工作績效和改進不足的地方，他旗下的蘋果日報和壹週刊，每週都會出錢邀請讀者參加「焦點群體訪談」，收集市場意見，同時展開對報刊每一版每一條，對編輯部每一名員工（包括主編在內）的犀利批判。體驗過「鋤報會」的人都有深刻的感受。

加壓過度，小心南瓜碎成泥

無可否認的，適當的工作壓力對促進員工積極工作、發揮員工潛力等，確實有很大的幫助，以致於許多管理者有了根深柢固的觀念：部屬可以承擔主管無法想像的壓力，如果部屬沒有發揮他全部的潛力，是因為主管對他施加的壓力還不夠大。

但是，任何事情都是物極必反，一個人的承受壓力畢竟是有限的，如果肩上的擔子太重，遲早有一天會被壓垮。

紓解工作壓力，企業員工都得利

形成壓力的原因是多方面的，包括因工作任務過重、人際溝通困難、工作環境的影響等種種因素，如果這些壓力得不到及時的釋放或緩解，很容易影響到員工的身心健康。事實上，工作壓力是無處不在且無法完全消除的，進行工作壓力管理的目的，並不是要徹底消除這些壓力，而是要學會一套有效面對壓力的方法，從而達到紓解、調節和分散的作用，並使員工保持積極、樂觀向上的心態。

奇異(GE)為了有效幫助員工紓解工作壓力，消除員工緊張的工作情緒，在公司內部大力推廣哈佛大學心理和體育治療研究所發明，以瑜珈、冥想、靜坐等形式為主要內容的靜默沉思法，還聘請專門的默思輔導員對員工進行指導。實施結果，員工經過這一套修練之後，和以前相比，工作熱情普遍提高，精神也格外飽滿，有信心面對工作的挑戰，同時公司用於心理輔導和治療的費用，也較過去減少27%。

對於公司管理階層來說，如何把握好「加壓」與「降壓」之間的平衡關係，是值得深入研究的問題。

資源來源：袁健志，管理雜誌，第 361 期，P33~35

第四節　壓力管理

　　壓力是不可避免的，但是壓力的負效應卻是可以防止或避免的。我們來看一看在個體和組織兩個層面可以採取什麼方法技術來減輕壓力。

一、個體層面

　　人是有主動性和韌性的。當壓力向我們來襲時，我們應採取自我保護、自我監控的措施，不是被壓力擊倒，而是像彈簧撤去外力後一樣，慢慢恢復原位。現在我們來看幾個幫助你減輕壓力的小技巧。

1. 生理技術（包括放鬆、沉思、小睡等等）

　　我們介紹一下沉思方法。它要求個體在一個安靜、舒適的環境裡，然後閉上眼睛、鬆弛肌肉、舒緩呼吸，把那些破壞你平靜的雜念都拒之門外，通常是不斷重複一個簡單的音節，這樣持續10分鐘左右。每天做1~2次就能有效減輕壓力，讓你恢復精力，重新找到工作和生活的樂趣。

2. 認知方法

　　大家可能會有這樣的體會。有時你喜歡去擔憂一些在你自己看來是很重要的事。但是如果理智地思考一下的話，你就會覺得這其實是庸人自擾。它只會浪費精力，增加我們的壓力。因為我們經常擔憂的事如果用理性的眼光來看，往往是不重要的或超出我們控制能力的。而且有時我們還會人為地誇大某些事情的結果，如失敗、被人拒絕等等，這樣做往往是自尋煩惱。因此用認知方法克服壓力的原理很簡單，就是要認清，我們無法改變周圍的環境，但我們可以調整自己對它的反應。我們不必過多擔心我們不能控制的事情，也不必追求絕對的完美，不讓瑣碎的小事把自己逼入絕境。我們應積極努力地來引導自己，從而減輕無謂的憂慮造成的壓力。

3. 生活方式

　　如果個體身體健康，在生理上就能對壓力產生自動恢復能力。因此人們平時要注意正常飲食，定期適度運動，使心血管能正常運轉。合理安排生活中的各項活動是減輕壓力的另一有效途徑。一般地，人們在某方面遭受壓力時，往往會把過多的時間投

入到那上面去。比如為了完成一個報告，你把自己關在屋子裡埋頭工作，不見家人、不參加文娛樂活動等。然而這樣做未必很有效果。因為長時間的工作往往會使創造力下降。相反，如果你合理安排生活中的各項活動的話，你就能恢復精力，重新輕鬆自如地去迎接面臨的挑戰。

4. 時間分配

當我們因疏忽漏做某事或事情太多不知從何著手而弄得手足無措時，這時我們就會感到合理安排時間的好處。它可以避免因時間管理不善造成心煩意亂而引起的壓力。這裡有幾種方法可供參考：

(1) 把事情按輕重緩急排序並堅持執行之。如果出現需要我們關注的問題，我們也應該根據情況看是不是把它暫且擱置。我們所做的應當符合我們的目標，當然，最重要的是堅持按順序把它們完成。

(2) 不讓別人使你分心。在你工作時，有人來打擾是很正常的，為了禮貌起見，你可能會放下手中的工作，去處理他的事情。然而這樣做，只會打亂你的安排，增加你的壓力。在這種情況下，你應該做的就是禮貌地設法使那人等待或者另約具體時間和他會面。

(3) 授權他人。把原本打算自己做的一些事情交給那些樂意、有責任心並且能夠完成該任務的人去做。別人對你的依賴減少，你自己也可以挪出時間來做其他事情，這樣壓力就會大大減輕。

現代人常因時間管理不善而造成心理壓力

5. 組織層面

前面我們講的是個體應如何去減輕壓力，其實組織也可以通過一些計畫方案的實施來減輕員工的壓力。而且，組織層面的這些方法是非常有效的。

(1) 採取措施減輕由角色衝突給員工造成的壓力。比如使用有彈性的作息時間制度等。這樣一方面能提高員工的自我控制感，減少他們對各種環境的不滿；另一方面使員工能重新安排生活以消除工作與家庭間的衝突，從而消除壓力產生的根源。

(2) 實行一些特殊的計畫來幫助員工應對壓力。不過這些方法諸如健康計畫、向員工提供諮詢等具體實行起來層面與方法皆大同小異。因為組織只是減輕個體壓力的協助者，真正的主角仍是個體。但若組織能切實採取這些措施來指導、幫助員工應對壓力，其結果肯定是會令人欣喜的。

記得不要在寒冬砍樹

有一位少年冬天常到這座森林砍樹，為的是用木材取暖，恰巧森林中住著一位老翁，總是沉默不語，春天的腳步近了，少年又來到林中，一眼望去，發現原來經過他砍掉的「枯木」已發出嫩芽，好一片欣欣向榮的景象，此時，老翁終於開口了：「少年，記住砍樹提醒我們，牢記不要在冬天砍樹，因為那時你看不到生機。」所以不要在心情沮喪時做決定，因當時你無法看見生活的光明面。

「在SPA池中的角落，有一位默默無語的都會型女子，正享受著水釋放的能量，而另一邊是一群大約高中年紀的女學生們，人數約5、6個，她們大聲說著如何與男生的交往招數，分享著期末考的應考經驗、笑聲加上潑水的嬉鬧聲，已引起角落邊女子的側目，她冷冷的看了一眼，繼續享受著悠閒片刻，過了一會兒池邊又來了三、四位高中女生與剛剛那一群女學生是同學，這一下聲音更大了，人家說當一群女生聚在一起時，聲音可能勝過菜市場，當下這位沉默的女子擦拭了身上的水滴，直接走向櫃台，並請櫃台廣播「請勿

喧鬧」，但櫃台的人員不知何是好，看了以上的情節，請分享個人的意見，大家同樣在舒壓，誰對？誰錯？」

心 靈 劇 場

一、看見近來許多年經人因一時的壓力，不管是情感課業，放棄自己美麗的生命，試想在你辦公室中有一位年輕同仁近來行為反常，甚至你已察覺異狀，你如何安撫與開導。請2人一組，一位擔任年輕人，一位擔任主管，實際扮演。

二、請5人一組彼此分享生命中的不愉快經驗及後來如何跨越的關鍵因素（人、事、物）

自 我 省 思

1. 你的壓力源是什麼？
2. 產生壓力的原因有哪些？請分別從工作和工作以外因素兩個角度加以說明。
3. 壓力對工作績效、心理及身體健康會產生哪些影響？
4. 身處現代社會的你一定也面臨著不少的壓力，你覺得自己應如何來減輕壓力？
5. 你覺得壓力可以靠什麼方式化解呢？分享一下你的祕訣。
6. 壓力可以預防嗎？請舉例說明。
7. 你覺得什麼年齡的人易有壓力？男生或女生誰壓力較大？
8. 你認為如何避免壓力的再度發生？
9. 若有一位員工到你面前離職，理由是「壓力大」，請兩位同學到台前模擬，倘若你是主管，你如何慰留他。

（摘譯自：Jerald Greenberg, Robert A．Baron:《Behavior in Organizations》, Prentice-Hall Inc., New Jersey, 1997.）

※心靈筆記※

_____

_____

_____

_____

了|解|自|我

你的憂慮有多少？

每個人都會憂慮，這是很自然的事情。但是如果擔心你無法控制的事卻只會給你的生活增加壓力。希望下面的練習有助於你克服這一弱點。

步驟：

1. 每個人都列出自己通常最容易擔心的事，盡可能包括生活的方面。

2. 把全班按五人一組分為各個小組。

3. 在每個小組中，先由一人向其他同學描述他（她）的憂慮。

4. 然後，其他的同學對此進行討論並把它們歸入表中合適的地方。

5. 重複這一過程直到小組每一成員的憂慮都被歸類。

6. 活動結束後，以小組為單位報告結果。

這件擔憂的事是能控制的嗎？	這件擔憂的事有多重要？	
	重要	不重要
是	值得關注	不值得擔憂
不是	不值得擔憂	不值得擔憂

現|場|直|擊

你對監聽員工電話的看法？

　　在一般員工的心理，最忌諱公司知道個人的隱私，但當一家公司的女性員工因電話造成一連串莫名的企業危機，促使公司高階主管的懷疑，也許「監聽，是不道德的方式」，但以下文中的情形，有待你的分析與提出個人想法。探討是否有其更恰當的作法，來因應因電話所造成的危機與人事問題。

　　一家從事醫療產品的企業，員工人數約略40人，業務部的人數是占員工人數的大半，由於此公司僅在台北設立總公司，其他地區未設置分公司或者辦事處，所以公司皆招幕各地區當地的駐區代表，在高雄地區的人力資源包括南區主任一名以及三名業務代表，一向以來南區的管理與士氣都不錯，每個月月初他們皆能準時北上開會，但近來他們的行徑似乎有些奇怪，譬如在開會時，發言，尤其南區主任語氣皆帶著不滿與猜忌，例如公司所設的獎金制度不公平等，或者產品的反應不佳等，皆令主管感覺詫異，其他區域雖有類似反應，但也是以平和的口氣表達，在本週二時，因生產線故障，導致出貨遲延，這更讓南區主任氣極敗壞，直接打電話請辭，當主管回電話時立刻按下電話錄音，他想從他的談話中了解問題所在，以下為電話對話：「我是南區主任，我已無法忍受公司的態度，難道南區僅是一個駐區而已，所有的資源皆無法使用，連斷貨也從南區開始，若公司有心要我們走路，不用此種方式，我們可以立即請辭！」主管連忙安撫，並承諾去南部一趟，坐下來好好談一談，經主管會議後，大家決議監聽南區主任與業務人員來電內容，結果令人跌破眼鏡，問題就出在南區業務助理身上，好比以下這一通電話：「鄭小姐嗎？（即業務助理）貨何時能出？」鄭小姐說「沈主任，我們南區已是公司最遠的地區，可能要排得很後面，不過我可以先「調其他區的貨給妳」，「鄭小姐，真是感謝妳（主任回答）」，鄭小姐：「另外，有一件事我不知該不該說，公司似乎財務不穩？」以上的對話內容。你的看法如何？可能問題出現在哪裡？

上 班 族 充 電 站

疫後混合工作的時代，如何留才又留心

　　因受到COVID-19疫情的影響，上班族經歷了多月的分流辦公，在家工作已經變成一個新興的模式，面對疫情所造成工作型態的改變與衝擊，到底主管與員工該如何面對呢？

　　根據《104玩數據》小規模調查131位主管的看法，排除疫情本身的影響，針對在家工作與在公司上班進行調查，觀察到雖然大多數的主管認為影響不大，但仍有部分主管覺得分流帶來工作跟團隊的困擾，以下分為三類結果：

1. 36％主管：團隊效率打83折
2. 14％主管：溝通效率不佳
3. 20％主管：工作壓力大。

　　另外一方面是員工看法，同樣透過《104玩數據》調查，在長達三個月居家辦公，員工會不去公司了嗎？調查顯示下列幾個現象：

1. 騎驢找馬者增6000人。
2. 疫後追尋工作新價值。
3. 六成在家工作者，擁抱在家工作新模式。

　　要提醒雖然未來辦公室隨處可辦公，但遠端一刀多刃，雖省下辦公室的水電冷氣房租，卻失去人際互動的觀摩學習，如：線上工具軟體，雖簡短溝通方便，但複雜的議題需要花更多的力氣，本來口述可能1分鐘，如果今天換成E-mail，可能要寫好幾封信才能夠說明。這個問題正是企業領導者與主管未來必須思考的方向；不論在家工作或實體工作，工作的信賴度必須靠日常累積的自律，這樣無形的工作成本是否還是要用有形的實體來要求呢？上面皆為疫情帶給你我的學習！

資料來源：104玩數據，能力雜誌，第787期，P12~15

MEMO

Chapter
06

個體行為激勵

學習目標

- 需要、動機和激勵。
- 內容型激勵理論。
- 過程型激勵理論。
- 綜合型激勵理論。
- 目標設置激勵理論。
- 激勵理論的應用－工作設計。

名人語錄

搶單必然的,但各業者有各自的核心優勢,想要擴大市場占有率,當然要更加努力。(仁寶電腦董事長許勝雄,摘錄自93.6.15經濟日報)

資料來源:突破雜誌第 227 期,P106

第一節　需要與動機

一、需要和動機

為了使我們的思路清晰，在研究激勵以前，我們先來弄清與激勵有聯繫的兩個重要概念：需要和動機。

（一）需要 (Need)

1. 定義

需要是指個體在生活中感到某種事物匱乏、喪失或被剝奪而力求獲得滿足的一種主觀感受，是客觀要求在大腦中的反映。需要的本質是一種心理狀態。

需要由兩個要素組成，一個是定性的導向性要素，反映需要對特定對象的指向性；另一個是定量的動力性要素，反映需要指向該對象的意願的強烈程度。

需要通常以意向、願望和動機的形式表現出來，模糊地意識到的需要是意向，明確地意識到並想實現的需要叫願望，當願望激起和維持人的活動時，這種需要才成為活動的動機。

人的需要具有動力性、社會性、複雜性、發展性等特徵。動力性指需要是行為的原始動力。當需要和滿足需要的對象和外部條件同時具備時，人的行為才有了現實的推動力。社會性指需要的滿足受社會的政治、經濟、文化背景、思想意識、倫理道德等因素的制約。複雜性是指人的需要是一個多層次的系統。發展性指需要隨著滿足的對象和方式的不同而不斷發展變化。

2. 需要的種類

正如前面提到的，人的需要是一個複雜的系統，因而按照不同的維度可以把需要分成許多不同的種類。

下面我們來看一下兩種最常採用也最有現實意義的分類。

(1) 按需要的起源分

　　a. 自然需要。這些需要是靠有機體的遺傳而先天獲得的生物性、原始性的需要，為人和動物所共有，是有機體維持個體生存和種族的繁衍的客觀要求的

反映。最常見的自然需要有飲食、睡眠、性、躲避痛苦、休息、母性的愛等。應該指出的是，儘管這是人和動物共有的本能需要，但人在滿足這些需要的方式上卻有本質的區別。動物只能靠天然的現成的資源或條件來滿足自身的需要，而人卻可以發揮能動性創造資源和條件來滿足自己的需要，而且人需要的滿足方式受社會文化背景和生活方式的制約。

即使是電話中的聲音也能激勵員工的士氣

b. 社會需要。這些需要是人類靠後天學習、實踐和累積經驗得來的，是人類特有的高級需要，它主要起源於人的社會活動和心理活動。屬於這一類的需要很多，主要有交往和友誼的需要、尊重的需要、求知的需要、成就的需要、勞動的需要等。

(2) 按需要獲得滿足的方式分

這種分法對激勵理論的應用具有非常實際的意義，按此維度我們可以把需要分為外在性需要和內在性需要。注意的是，這裡的外在和內在是相對於工作而言，而非相對於個體。

a. 外在性需要

外在性需要是外在於工作，個體自身無法支配而只能由組織通過資源分配來滿足的需要。員工努力工作是為了獲取這些外在性資源，工作本身對他們而言只是滿足這些外在性需要的工具，毫無親切感、喜愛感可言。用這類資源來激發員工的動機，調動他們的工作積極性，稱作外在性激勵。

要注意的是，這種外在性需要既包括物質性的也包括社會情感性的，滿足這種需要的組織資源也相應如此。物質性的需要主要指由工資、獎金及各種福利待遇等物質性資源來滿足的需要。社會情感性需要通常用友愛、情誼、尊重、認可、贊同等社會感情性的資源來滿足。物質性資源和社會性資源兩者的性質不同，因而在滿足需要所起的激勵作用上不同。由於可供組織控制和支配

的物質性資源的總量有限，因而其分配具有競爭性。而且它們是消耗性的，因此成本較高。社會情感性資源的占有雖具有排他性，但是它無須成本，因而對管理者來說是頗具吸引力的誘激物。

b. 內在性需要

內在性需要是內在於工作，靠工作本身或工作任務完成時的內心體驗而滿足的需要。與外在性需要相反，內在性需要的滿足源於工作，工作本身不再是獲取外在性資源的工具，而是一種值得追求的事物。因工作本身的吸引來激發員工動機，調動他們的積極性，稱作內在性激勵。

內在性激勵因素的性質可分為由工作本身的挑戰性或新穎性等產生的激勵性和工作完成後的勝任感、成就感、自尊感等產生的激勵性。相對於外在性激勵而言，內在性激勵是從根本上激發人的動機，因而不管環境如何變化，它產生的激勵力相對持久、穩固。

（二）動機

在一些管理學教材或辭典中，經常把 "Motive" 和 "Motivation" 兩個詞都翻譯為動機，認為動機是一個激發、引導和維持行為的過程。這裡，我們把 "Motive" 譯為動機，而把 "Motivation" 譯為激勵，即把動機看成一種狀態，把激勵看成一個過程。

動機是直接推動人去行動以達到一定目標的內在動因。是使主體處於積極狀態的心理動力，它是在需要的基礎上產生的。需要是行為的原始推動力。與需要相比，動機不是一種要求滿足的匱乏或不足的主觀感受，它是在滿足需要的外部條件具備後產生的一種期望和信念，是驅動行為的一種驅力狀態。它能引導行為朝著一定的方向和預期的目標進行，同時也能調整活動的強度。

二、激勵(Motivation)

（一）定義

激勵是激發、引導個體行為並使之堅持直到目標(goal)實現的過程。

（二）構成

根據這一定義，激勵由三個部分組成：激發(Arousal)、引導(Direction)和堅持(Maintenance)。

1. 激發

涉及行為背後的動力。前面已講過,需要是行為的原動力,動機是人類行為的直接推動力,當人們產生實現這種動機的興趣時,這種興趣就會刺激個體採取一定的行動來實現動機。可以說,激發就是行為動力的問題。

2. 引導

涉及行為的方向性。當人們滿足動機要求時,就必須採取一系列的行動。監控關注的是人們如何選擇他們的行為的問題。例如一個員工若想給上司留下好印象,他就可能作出以下的行為選擇:見面主動、熱情地打招呼;稱讚上司工作做得好;平時工作努力等。在員工看來,可能這每一行為都是能實現他的目標。

3. 堅持

是指人們在未達到目標前,如何保持和延續行為。如果人們在未滿足需要前就放棄的話,就不能認為是受到了高度激勵。

▶ 表6.1　激勵過程例解

激發	引導	堅持	目標
我要給上司留個好印象	見面主動熱情地打招呼	堅持	給上司留下好印象
	稱讚上司工作做得好	堅持	
	平時工作努力	堅持	

第二節　激勵理論

一、內容型激勵理論

自20世紀20年代以來,社會科學家們就不同的角度研究了人的激勵問題,並提出了許多激勵理論。按其所研究的激勵層面的不同及其與行為的關係不同,可以把激勵理論分為內容型激勵理論、過程型激勵理論和行為改造激勵理論。行為改造激勵理論者重研究激勵的目的,即改造和修正行為。這種理論主要有「挫折論」、「操作條件反射論」和「歸因論」等。在這裡我們只討論前兩種激勵理論。

激勵過程的起點是人們未滿足的需要。內容型激勵理論以人的需要出發，著重探討激發動機的因素。其中最具體代表性的有馬斯洛的需要層次理論、奧爾德弗的ERG理論、赫茨伯格的雙因素理論和麥克里蘭的成就需要理論。下面我們將分別對它們加以介紹。

（一）馬斯洛的需要層次理論 (Need Hierarchy Theory)

美國心理學家馬斯洛(Abraham Maslow)是心理學第三大思潮－人本主義心理學的開創者。在經過大量研究之後他發現，人類存在著一些超越種族、超越社會形態的基本需要，而且這些需要呈現出一定的次序。

在1941年發表的《人類動機理論》一文中他首次提出了需要層次理論。他把人類各種各樣的需要按低級到高級的次序歸納為五個等級。

1. 生理需要 (Physiological Needs)

這是人類最低層次，最基本的需要，它與人類個體生存和各種的延續密切相關。包括對食物、空氣、水、住處、性的需要等。

2. 安全需要 (Safety Needs)

當生理需要基本滿足後，這些需要就會活躍起來。安全需要指的是個體為使身體或心理免受傷害的威脅而產生對安全環境的需要。例如職業安全、人身保險、社會保障等。

3. 社交需要 (Social Needs)

社交需要即從屬與愛的需要。個體希望得到友誼、被愛、為別人接納、歸屬於某個群體等。

馬斯洛把生理需要、安全需要和社交需要稱作缺失的需要(Deficiency Needs)。他認為如果這些需要得不到滿足，個體就不能發展成為一個在生理上和心理上都健康的人。而後兩個較高層次的需要被稱作成長的需要(Growth Needs)。這些需要的滿足能幫助個體成長並發揮他（她）最大的潛力。

4. 尊重需要 (Esteen Needs)

尊重需要是個體自我尊重和為別人認可的需要。如獲得成功、贏得聲望和被他人認同的願望等。尊重需要的滿足使人產生自信，這種需要的滿足一旦受挫，就會使人產生自卑感、無助感，對生活失去信心。

5. 自我實現需要 (Self-Actualization Needs)

這是指個體成為自己理想中的人，最大限度地發揮潛力的需要。具有自我實現需要的人都希望自我發展，發揮自己的創造力，釋放自已的潛在力量，實現自己生命的價值。

馬斯洛認為，人的需要是像梯子一樣按次序逐級上升的，當低一級的需要基本滿足後，高一級需要就會活躍起來。但是這種需要的滿足並不遵照「全」或「無」的規律，不是一種需要百分之百的滿足後，高一級的需要才出現，各層次的需要相互重疊與依賴。高層次需要的出現，並不意味著低層次需要的消失，只是比例減小而已。而且需要的層次越高，滿足的可能性越小。馬斯洛認為人的需要的發展總體來說是按上述次序進行的，但他也提出有七種人是例外，即天賦有創造性的人、具有病態人格的人等。

（二）奧爾德弗的 ERG 理論

奧爾德弗(Aldefer)基於人們對馬斯洛理論的批評，在實驗的基礎上於1969年提出了一種與此密切相關又有所不同的理論－ERG理論。ERG理論說明的需要是生存(Existence)、關係(Relatedness)和成長(Growth)需要。生存需要對應馬斯洛的生理需要和物質型的安全需要；關係需要對應馬斯洛的社交需要和人際型的安全需要；成長需要對應馬斯洛的尊重需要和自我實現需要。

奧爾德弗以人的三種需要代替了馬斯洛的五種需要，但是他並不強調任何特定的次序。實際上奧爾德弗提出任何需要在任何時候都可能活躍起來。顯然，ERG理論比需要層次理論的限制性更少。ERG理論認為當較高級的需要未能得到滿足時，人們就會退而求其次去追求較低級的需要，而這和馬斯洛所說的需要受挫人們仍會繼續努力追求是不同的。ERG理論認為人們的某些需要，特別是關係需要和成長需要，在得到了基本滿足以後，其追求的強烈程度不是減弱了，而是增強了。這和馬斯洛的觀點也恰好相反。

這兩種需要理論在需要的層級數以及它們相互之間的關係上並不完全一致，但是它們都贊同滿足人的需要是工作行為激勵的重要組成部分。

（三）赫茨伯格的雙因素理論 (Two-Factor Theory)

雙因素理論是美國心理學家赫茨伯格(F.Herzberg)在20世紀50年代末提出的。赫茨伯格先後對美國一些工廠企業的工程師、會計師進行調查，詢問他們關於「什麼時候你對工作特別滿意」、「什麼時候你對工作特別不滿意」、「滿意和不滿意的原因是什麼」等問題。

根據對調查所得資料的分析，赫茨伯格發現，使員工感到不滿意的因素往往是由外界工作環境和工作條件引起的，而使員工感到十分滿意的因素是與工作本身緊密相關的。使職工感到不滿意的原因往往與公司的政策和管理、技術監督、與上級、同級和下級的關係、工作條件、工資報酬、個人生活、職位、工作安全等因素有關。如果公司在這些方面處理不善，就會造成員工的不滿。但是如果這些因素得到妥善處理，使員工的自然工作環境和人際工作環境都處於較為理想的狀態，也只能消除員工的不滿，讓員工感到「沒有不滿意」，而不能使員工感到非常滿意。因此這類因素的滿足不能從根本上激發員工的工作積極性，提高工作績效。赫茨伯格把這類因素稱為保健因素(Hygiene Factor)。因為如果拿衛生保健條件作類比，它們只能預防疾病，而不能增進健康。相反，使職工感到十分滿意的原因往往與工作成就感、職務責任感、對未來發展的期望以及工作本身等因素有關。這類因素的改善能激發人們積極向上。提高工作績效，赫茨伯格把這類因素稱為激勵因素(Motivation Factor)。因為這類因素的滿足像鍛鍊身體一樣，可以提高體質，增進健康。

赫茨伯格認為傳統的滿意和不滿意的觀點是不正確的，他認為滿意的對立面應該是沒有不滿意（而不是滿意），滿意的對立面應是沒有滿意（而不是不滿意）。（見表6.2）

▶ 表6.2

雙因素 滿足與否	滿足	不滿足
保健因素	沒有不滿意	不滿意
激勵因素	滿意	沒有滿意

在赫茨伯格看來，處理好保健因素只能維持員工的工作現狀和熱情，而不能從根本上激發其工作積極性。因此，只有激勵因素才能真正激發員工的工作積極性，從而提高工作效率。

赫茨伯格的雙因素理論提出後也受到了許多非議，人們對調查的信度和效度提出了懷疑。但是無論是保健因素還是激勵因素，它們所涉及的都是人的需要，而雙因素理論的價值在於對人的需要進一步做出內在性與外在性的區分。它對工作設計和內在激勵這兩個領域的研究產生了重要的促進作用。

（四）麥克里蘭的成就需要理論

美國哈佛大學的心理學家麥克里蘭(D.C Moclelland)關注的是人的高層次需要。他認為人們在生理需要基本得到滿足後，還有權力需要、社交需要和成就需要。

1. 權力需要

具有較高權力需要的人對施加影響和控制表現出很大的興趣。這種人總是追求領導者的地位，他們常常表現出喜歡爭辯、健談、直率和頭腦冷靜，並且善於提出問題和要求；也常喜歡教訓別人，樂於演講。

2. 社交需要

權力需要包括對個人權力和社會權力的追求。具有這種需要的人往往從友愛、情誼、充滿人情味的社會交往中得到歡樂和滿足，並總是竭力避免因被某個群體拒之門外而帶來的痛苦。他們喜歡保持一種融洽的社會關係，享受親密無間和相互諒解的樂趣。

3. 成就需要

具有這種需要的人，強烈渴望工作的成功。他們樂意接受甚至熱衷於挑戰性的工作，往往有意識地為自己樹立有一定難度的目標；敢冒風險，能以現實的態度分析問題；對所做工作願意承擔個人責任，但要求工作情況能得到準確而及時的回饋，不常休息，喜歡長時間地工作，工作失敗也不會過分沮喪。一般說來，他們喜歡表現自己。

麥克里蘭對成就需要作了系統研究，他力圖以事實說明具有高成就需要的人對組織有重要的作用。麥克里蘭認為具有高成就需要的人有下述特點：(1)有進取心，敢冒

風險（中度的、有預測性的風險），但不是「賭博」；(2)要求及時得到工作的反饋資訊；(3)從工作的成就中獲得很大的滿足，物質報酬只是衡量成就大小的一種工具；(4)事業心強，敢於負責。有時為了完成任務，可能會與他人造成人際關係緊張。

麥克里蘭認為，高成就需要者比低成就需要者有較高的實際工作績效，進步也較快。不過許多管理工作，不僅需要成就激勵，也需要歸屬與愛的刺激。麥克里蘭等人通過研究發現，小公司的經理人員往往具有很高的成就需要，而大公司的總經理只具有一般的成就需要，他們更多地追求權力和社交需要。

這裡還存在一個問題，即是高成就需要者使該組織成為一個高成就的組織，還是高度挑戰性的組織造就高成就需要者。麥克里蘭認為後者前比者更重要。高成就需要不是生而具有的，而是在人的實踐活動中培養起來的。因此麥克里蘭主張通過教育和培訓造就高成就需要的人。

以上所述的四個內容型激勵理論表明，人們存在著不同的需要，而且需要是人們的行為的原始推動力。不同的需要對不同的人產生不同的激勵作用。低層次需要的滿足只能維持人們的工作現狀和熱情，只有高層次需要才會對人們產生強有力的、持久的激勵作用。

激勵員工不單只是金錢，包含了成就感、自我實現以及適當的讚美，如何提高團隊的士氣團隊的合作，往往靠整體的激勵辦法，讓人人發揮個人的特質能力。

二、過程型激勵理論

　　過程型激勵理論著重研究個體從動機產生到採取行動的整個心理認知過程及行為的指向和選擇，試圖弄清個體對付出的努力、績效要求和獎酬價值之間的認識是如何影響激勵及其力量強弱，從而達到激勵的目的。其中最有代表性的是布朗的VIE理論和亞當斯的公平理論。下面我們來對它們逐一加以介紹。

(一) 期望理論 (Expectancy Theory)

　　期望理論不同於關注人的需要的內容型激勵理論，它從整個工作環境來考察激勵過程。期望理論認為當人們期望從工作中得到他們想要的東西時，就能夠產生工作的動因。不過，期望理論假設人都是理性人，他們在付出實際努力前，總要考慮自己能從中得到何種報酬，並思考這對自己意味著什麼。當然，期望理論並不僅僅關注人們的所思所想，它探討的是這些想法與組織環境相結合如何影響工作績效的問題。

　　期望理論有許多的版本，其中之一便是VIE理論。這是美國行為科學家布朗(R. A. Baron)在1986年出版的《組織中的行為》一書中提出的。布朗認為人們的三種信念(Belief)最終能促成對人的激勵。它們是期望(Expectancy)、工具性(Instrumentality)和效價(Valence)。

　　期望是個體對自己付出的努力能對工作績效產生積極影響的信念。它是個體對目標能夠實現的概率的估計。如果人們認為付出的努力能夠獲得成功的話，那麼他的期望就高，否則就低。自然人們對於期望低的工作就不會付出太多的努力。

　　工具性是指個體對根據自己績效水平獲得報酬的信念。如果個體認為績效不是帶來獎酬的工具的話，那麼即使他工作努力和績效水平較高，他也不會受到激勵。例如，一個生產效率極高的工人，如果他的工資水平在工廠中已是最高的了，那工資就很難成為激勵他的工具了。

　　效價是指個體從自己組織中可能獲得的獎酬價值的估計。它是人們對某一形式的獎酬相對於其他形式獎酬的偏愛程度。如果獎酬對於員工來說效價太低的話，即使他們認為努力工作會帶來高績效而獎酬又與績效相稱，他們也不能受到有效的激勵。也就是說。如果員工對於組織提供的獎酬根本無動於衷的話，那麼他就不會努力工作以獲得它們。只有那些對於員工來說有積極效價的獎酬，才能成為行為的動因。

　　期望理論假定激勵水平取決於這三者相乘之積。也就是說期望、工具性和效價這三者都高比都低時能產生更高的激勵水平。同時這一假設也表明如果其中有一個因素為零，則激勵水平也為零。

　　期望理論認為激勵只是工作績效的重要決定因素之一。期望理論設想個體的技術和能力、個體的角色認知（即個體對工作要求、工作責任的認識）和工作機會等也會影響工作績效。（見圖6.1）

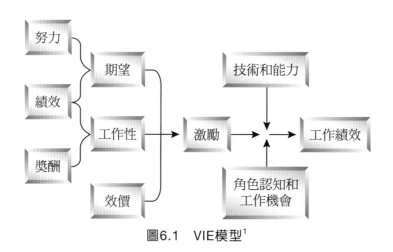

圖6.1　VIE模型[1]

　　期望理論最早是由托爾曼(E.Tolman)和勒溫提出的，但是用於說明工作激勵問題是從佛羅姆(V.H.Vroom)開始的。

　　根據期望理論各個基本元素的功能，管理者可以從以下幾個方面來激發員工的動機。

1. 提高員工的期望

　　在前面我們已經看到，期望越高，付出的努力越多，績效就越高。

　　管理者據此可對員工進行培訓，使其更加勝任其工作，同時管理者還可以聽取員工建議，調換不適合他的工作。也就是說讓員工了解自己績效低的原因，然後採取相

1　參考：Jerald Greenberg, Robert A Barton:《Behavior in Organizations》, Prentice-Hall Inc. , New Jersey, 1997，第 150 頁。

應措施解決這些問題從而能更妥當地激勵他們努力工作。良好的管理者能使員工明白組織對他們的期望是什麼，並幫助他們達到相應的績效水平。

2. 提供對員工有積極效價的獎酬

現今，員工之間的差異導致激勵方式必須豐富多樣，另外，同一形式的獎酬，對不同的員工來說具有不同的效價。管理者可以採用自助式獎酬計畫，也就是說讓員工選擇自己認為效價高的獎酬形式，這樣的話每個員工就都能得到有效的激勵。

3. 讓員工明白獎酬和績效之間的聯繫

遺憾的是，並不是所有的激勵計畫都能帶來預期的績效。顯然，管理者在提高員工的工具性信念方面還必須費番功夫。也就是說，管理者要向員工具體說明什麼樣的工作行為能帶來什麼樣的獎酬。具體地說，管理者可以根據員工的績效付酬。

(二) 亞當斯的公平理論 (Equity Theory)

分配公平是人們對組織資源或獎酬的分配是否公正合理的個人判斷和直觀感受。它也是一個強有力的激勵因素。美國心理學家亞當斯(S.Adams)於1956年提出公平理論。公平理論是組織正義的一大方法。公平理論認為人的積極性取決於他所感知的公平感，而人的公平感取決於一種社會比較。所謂社會比較是人們把自己和他人進行比較。比較是基於兩個變數：產出或所得報酬O(Outcomes)和投入或貢獻I(Input)。產出是指我們從工作中得到的東西，包括工資、福利、威望等。投入指我們貢獻的東西，如工作時間、付出的努力、生產的產品、勝任工作的知識、技術、能力及經驗等。

公平理論認為，在同一社會關係系統中，人們喜歡把自己的產出和投入的比例和別人或自己先前狀況進行比較從而來判斷自己是否受到公平的對待。這是個體的一種主觀感受，因人而異。個體判斷其待遇是否公平的標準，往往不是自己所獲報酬的絕對值，而往往是與他人所獲報酬相比所得的相對值。因此，如果兩者的比例相當，個體就會產生滿意感，否則就會認為受到了不公平的待遇。因此，從這個意義上講，動機的激發過程實際上就是人與人之間進行比較，作出公平與否的判斷，然後以此指導行為的過程。

公平理論認為，報酬較低會產生不公平感，報酬較高會產生內疚感，因此報酬較低或較高都會產生不公平感，引起緊張不安，並要求消除緊張情緒，恢復內心的平

衡狀態。但是，並不是說亞當斯方程略顯不等，不公平感便能立即顯現和感覺。有趣的是，報酬較低產生的不公平感的極限往往低於報酬較高產生內疚感的極限，也就是說，人們對「吃虧」很敏感，對「占便宜」卻是很遲鈍。

為了消除緊張情緒，恢復內心平衡狀態。這時個體可能會採取以下一些行為以消除不公平感：(1)改變自己的「投入」、「產出」，如怠工、遲到早退、減少勞動投入、要求增加工資或把公司財物占為己有等；(2)設法改變比較對象的「投入」或「產出」（這並不是很容易的）；(3)退出比較關係，這可以表現為流動（如辭職、離職等）；(4)有意無意地曲解自己或他人的貢獻與所得報酬的比值，進行自我說明和自我安慰，獲得主觀上的公平感；(5)改變比較對象，找一個與己相當或處於弱勢的人進行比較。

大量證據表明減少員工的不公平感就能激發他們努力工作。當然組織資源的公平分配自然與分配本身的公平性有關。因此，我們也要關注方式的公正性，這在管理實踐中是非常有意義的。正義方式(Procedural Justice)的觀點最初來自法律領域。近來，越來越多的組織行為學領域的專家贊同把這一基本思想運用於組織決策。因此，我們這裡的正義方式指的是人們對組織決策過程的公平性的認知。當員工認為組織遵循公平程式時，他們就不會怨天尤人，而是努力提高工作績效，這對員工個體和整個組織來說都是有益的。管理學家們認為正義方式有兩個方面：一方面是如何決策才能表現公平性（而不是決策內容本身），另一方面是在決策過程中決策者如何對待員工。

對於第一方面，我們可以嘗試以下的策略：(1)在決策中給員工推有發言權。這是程式正義的關鍵。(2)提供糾正錯誤的機會。在法律中有救濟程式，那麼這一原則也同樣可以運用於組織決策以表現公平要求。(3)規章和政策的使用必須保持一致性。儘管規章和政策本身可能是呈現公平原則的，但是如果它只運用於一部分人，而另一部分人不能享受其利益或不受其約束的話，那麼組織這樣做就是不公正的。顯然，一致性是建立正義方式的關鍵。(4)決策時不帶任何偏見。假如人力資源部經理對某一種族群體持有偏見的話，那麼顯然他很有可能不錄用這一群體的成員。在這種情況下，是不可能作出程式公正的決策的。在考慮程式公正性的時候，人們往往想到程式正義的另一方面。它被稱為互動正義。決策者讓員工充分接收決策資訊，決策者作出對員工不利的決定時表現的尊重和敬意有利於員工感到人際對待的平等性。人們可能不願削減工資或失業，但如果它們是用一種人際間的公平態度提出來的，那麼人們往往比較容易接受。

　　最後要注意的是，公平不是平均，也不是「大鍋飯」，它表現的是付出與所得的一種平衡狀態。此外，在實際管理中，既要避免與實際付出不符的低報酬，也要避免與實際付出不符的高報酬。

三、綜合型激勵理論

　　綜合型理論是一種力圖克服內容型和過程型等激勵理論的片面性，綜合運用多種激勵理論來探討複雜激勵問題的有益嘗試。屬於綜合型激勵理論的有波特—勞勒(L. W. Porter and E. E. Lawler)的綜合激勵模型和迪爾(W. Dill)的綜合激勵公式等。這裡我們只內容型激勵理論和過程型激勵理論分別著重探討了激發動機的因素和產生動機到採取行動的心理過程，但它們未能闡明激勵、績效和滿意感三者之間的關係。波特和勞勒在期望理論的基礎上研究了績效和滿意感之間的關係。我們先來看一下波特—勞勒的綜合激勵模型。實線箭頭表示因果關係，虛線箭頭則是反饋回路。

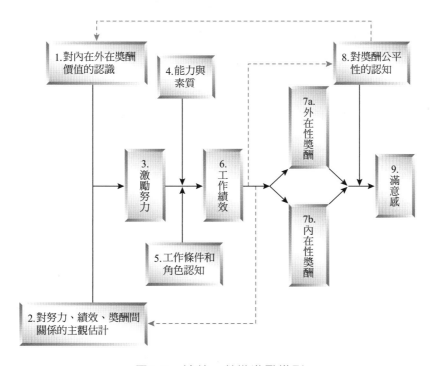

圖6.2　波特—勞勒激勵模型

從圖6.2圖示中，我們不難看出，波特－勞勒的激勵模型是以期望理論為骨架的。如果我們回想一下，就會發現圖的左半部分大致即是期望理論的模型。這裡的1、2、3項因素分別相當於期望理論模式中的效價、期望和工具性。與期望理論一致的是，工作績效不僅取決於個體所受激勵的程度，而且受個體技術能力水平、工作條件和角色認知的影響。波特－勞勒綜合激勵模型在期望理論模型的基礎上引入了外在性與內在性獎酬這兩個因素，取代了期望模型中單一的「二階結果」－獎酬。

四、洛克的目標設置理論

這是馬里蘭大學管理學兼心理學教授洛克(E. A. Locke)於1968年5月在《組織行為與人的績效》上發表的《走向工作的激勵和刺激的理論》一文中提出的一種激勵理論。

就像滿足需要能激發動機一樣，人們也能為追求某一目標而努力工作。實際上，設置目標也是組織中有效的激勵方法之一。目標設置(Goal Setting)是指決定員工要獲得的具體績效水平的過程。洛克和拉撒姆提出了目標設置理論。他們認為設定的目標能影響員工的自我效驗（即個體關於自己順利完成具體工作的能力的信念）和他們的個人目標。這兩個因素反過來又會影響工作績效。

目標設置理論背後的基本觀點是，目標作為激勵物能促使人們對現有能力和成功完成目標要求的能力進行比較。當人們沒有達到某一目標時，他們會感到不滿，並會竭盡全力去達到這一目標，只要他們覺得這是可能的話。當他們最終獲得這一目標時，他們就會有勝任感和成就感。目標設置使組織對員工的績效類型和水平的期望明確化，因此能大大地提高工作績效。

洛克的這一模型還認為個體會把指定的目標作為個人目標接受下來。人們把個體接受和努力達到目標的程度稱作目標歸屬感(Goal Commitment)。它是指個體達到某目標的投入程度。實際上，當個體有獲得某一目標的意願，並且認為有達到這一目標的合適機會時，它的目標歸屬感較高。同樣，個體認為實現目標的可能性越大，他就越容易把它作為個人目標，付出的努力也就越多。

最後，這一模型還認為自我效驗和目標歸屬感這兩個因素會影響工作績效。因為當人們認為他們能實現目標而不是徒勞無功時，他們就會更努力，而且也會做得更好。目標設置過程如圖6.3所示。

如果要設置有效績效目標的話，那麼可以遵循如下原則：

1. 目標應當具體

具體的高績效目標比沒有目標或「拿出你的最好水平來」的空口號更能激發人們的鬥志，使他們作出更好的成績。人們往往認為具體的目標非常具有挑戰性。他們不但要滿足管理當局的期望，而且還要確信自己表現不錯。具體的目標同樣有助於實現其他的組織目標，如減少缺勤率和勞工安全等。

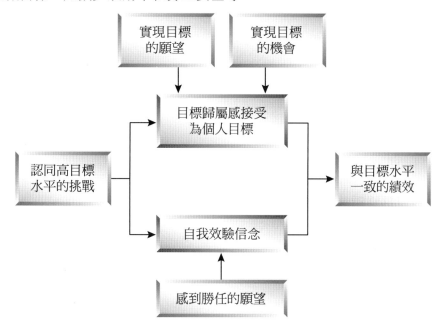

圖6.3　目標設置過程激勵模型

2. 目標應當難度適中

如果目標具體卻沒有難度，它也不能增加績效。但如果難度過大，缺乏實際性的基礎，那麼人們就會放棄這些目標。因此，只有具體的有難度的且在人們能力範圍之內的目標才能促使人們努力工作，去實現挑戰性的目標。

3. 讓員工參與目標設置過程

這是提高目標接受程度的一種方法。人們更易於接受自己參與設置的目標而不是管理者強加給的目標。也就是說，參與目標設置能增強員工的責任感，而且它還有助於員工對目標的理解和認同，同時也能使目標切實可行。

4. 提供關於目標實現進度的反饋資訊

　　及時、客觀的回饋資訊有助於人們實現目標。這是在實踐中經常被忽視的原則。如果在實現目標進程中員工無法及時得到回饋資訊，那麼他們的努力就缺少方向性指導，是盲目的。因此，回饋資訊是提高工作績效的要件。

　　總之，設置具體、難度適中的目標，然後及時提供資訊反饋能大大地提高工作績效。目標設置是管理者激勵員工的有效措施。

職｜場｜話｜題

400萬離職潮，混合辦公，即刻救援

　　根據美國勞動部統計4月的離職數站上20年新高，有高達400萬的人辭去工作，寫下了20年來的新高紀錄。不僅如此，BBC人力資源軟體公司personio對英國及愛爾蘭員工所做的研究發現，38%受訪者計畫在半年到12個月內離職；微軟2021年針對全球3萬多名受訪者的調查中，發現有41%的人員考慮離職或轉行。

　　這場疫情到底顛覆了就業市場什麼呢？BBC分析，雇主對待員工的方式促使了員工決定要離開；商業雜誌引述自由職業人才平台Stoke執行長Shaar Erez所言：「變化的時代、經濟危機以及人們意識到可以擁有不同以往的契約，透過遠距工作省去通勤時間，因此這些因素促成近期的離職潮」。

資料來源：周尚勤，能力雜誌，第 787 期，P34~38

虛 心

　　在古代有一座寺廟住著二位高人與許多弟子，這些弟子中有一位認為自己已學成擁有十八般武藝所向無敵，因此想向高人提出下山的打算，高人問他：「你確定什麼都學會了嗎？」弟子誠懇的說：「師父，我全都學會了。」此時高人請這位弟子進去廚房將最大的木桶提出來並裝滿石塊，弟子一聽立即照做，並充滿自信地說「裝滿了。」此時，弟子以為過關了，但沒想到師父又請他做另一件事，高人說：「你去外面拿一些沙，再往桶裡裝一些，沒想到沙子從石塊縫漏下去許多。」弟子拚命的裝，終於沙蓋滿了石塊，此時高人開口說話：「是否桶子裡面不能再放東西了？」弟子速忙回答：「是的，桶已經裝滿了，怎能再裝東西呢？」此刻師父舀了一碗水就這樣往桶裡面倒，一碗水漸漸滲透石塊及沙，而弟子也領悟了，羞愧的對高人說：「師父我尚有許多東西沒有學習，我現在不想下山了。」

　　我們也許覺得做同樣工作枯燥無味，甚至覺得自己比主管的能力更強，經常將自己看得很重要，或者我們對待每位員工的態度也是輕視，認為他只會做這個工作，小心也許我們如這名急著下山出名的弟子呢！

※心靈筆記※

_____

_____

_____

_____

_____

_____

_____

_____

第三節　激勵理論的應用－工作設計

工作設計(Job Design)背後的原理是通過增加工作對人們的吸引力來提高激勵水平。泰勒(F.W.Taylor)的科學管理曾力圖通過分析動作－時間之間的關係來使工作效率最大化。它視人為機器，工人的動作重覆化、機械化。毫無疑問，最終人們會對這樣的工作感到厭倦。那麼，今天的管理者是如何設計工作，以使其得到有效執行並使員工在工作中體驗到愉快呢？

一、工作擴大化和工作豐富化

工作擴大化(Job Enlargement) 是指增加同一技術水平的工作種類或不同工作任務，從而提高員工興趣的新工作設計方法。要注意的是員工在執行不同的工作任務時不需承擔更多的責任，也不用具備更高的技術水平。以這種方式擴大任務被稱為增加工作的水平負荷。

組織要團隊合作往前邁進，往往需要經營者適度的傳遞組織的願景，同時配合激勵活動

大多數關於工作擴大化效果的報導似乎成為了企業的軼事，但是一些仔細進行的經驗式研究已檢驗了它的效果 。在一段時期內，工作擴大化的確增加了員工的滿意度，降低了他們的厭倦感，但是當員工逐漸習慣這些工作的時候，他們的興趣減少了，也不再去關注所有細節了。因此工作擴大化或許能改善工作績效，但這種影響卻不能長久。

與工作擴大化相比，工作豐富化(Job Enrichment) 不僅給予員工更多的工作任務，而且它要求具備更高的技術水平和承擔更多的責任。它使員工有更多的機會發揮自主性。工作豐富化的過程被稱作增加工作的垂直負荷。

工作豐富化雖在一些組織中獲得了成功，但是它的推廣卻受到幾個因素的制約。其中最明顯的就是貫徹的難度。重新設計現有設備不僅費用高，而且某些工作要求的

技術也使它們難以實現。工作豐富化並不對每一個人來說都是適用的。人與人之間存在著個體差異，特別是低成就動機的個體習慣於現有的工作方式，他們排斥工作的改變，不願意承擔更多的責任。因此，許多員工對豐富化的工作接受程度低。

到現在為止，我們尚未具體說明如何使工作豐富化。哪些工作的元素豐富化會使其更有效呢？下面我們來看一個可供參考的答案。

（一）工作特徵模型 (Job Characteristics Model)

工作特徵模型是工作豐富化的一種方法。它認為工作再設計能幫助人們從工作中尋找到興趣，並感到他們的工作既有意義又有價值。這種方法是通過某些工作元素的豐富化轉變人們的心理狀態，從而提高他們的工作效果。其中，最典型的是五個核心工作特徵的模型。

1. 模型的構成

(1) 技術多樣化(Skill Variety)是指一項包含大量不同任務的工作要求員工具備多種技術和能力的程度。比如說高級祕書的工作就是技術多樣化的工作，它要求祕書能進行文字處理、回電話、接見來訪者、外出辦事等。

(2) 任務一致性(Task Identity)是指一項工作要求把全部工作片斷從頭做到尾的程度。比如裁縫要給顧客量尺寸、選布料、裁剪和縫紉等

(3) 任務意義性(Task Significance)是指工作影響他人的程度。

(4) 自主性(Autonomy)是指員工按自己的意願工作的自由度和許可權。

(5) 資訊回饋(Feedback)是指工作向員工提供有關他們的任務執行情況資訊的程度。

這個模型詳細說明這些工作特徵對許多心理狀態產生影響。技術多樣化、任務同一性和任務意義性這三者影響員工對工作意義的體驗；自主性與員工對工作結果的責任感相關；資訊回饋使員工知道、了解工作活動的實際結果。而這些心理狀態又會進一步對個人及工作結果產生影響，即促成人的高內部工作動機、高工作滿意感和工作的高質量績效及低缺勤率和離職率。這個工作特徵模型運作的具體情況如圖6.4所示[2]。

2　參考：Jerald Greenberg, Robert A. Baron：《Behavior in Organizations》, Prentice-Hall Inc., New Jersey, 1997, P.156.

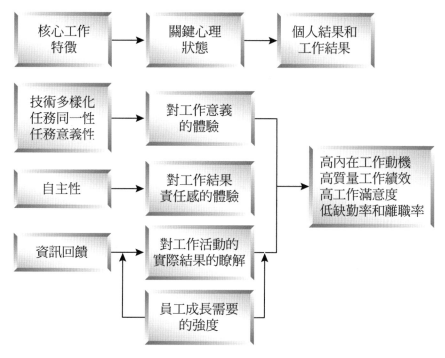

圖6.4   五個核心工作特徵的模型

從圖6.4可以看出，這個模型運用的有效性受員工成長需要的強度的影響，這與工作豐富化的適用人群一致，它並不適用於所有的人。

2. 工作激勵潛力的測量

那麼工作特徵的豐富能對員工產生多大的激勵水平呢？我們又該如何來對此作出評價呢？為此工作特徵調查（Job Diagnostic Survey，簡稱JDS）量表已得到不斷發展，它能測量和預測工作對員工的激勵程度。這裡要引入一個數學上的指標（工作的）激勵潛力值（Motivating Potential Score，簡稱MPS），它是根據JDS量表計算出來的，具體的演算法如下：

$$MPS = \frac{SV + TI + TS}{3} \times A \times F$$

其中SV、TI、TS、A、F即為五個工作特徵：技術多樣化、任務一致性、任務意義性、自主性和資訊反饋。

MPS是一個測量工作的激勵潛力的總結性指標。所給工作的MPS越高，員工的心理狀態就越佳，個人和工作兩方面產生良好結果的可能性就越大。因此，MPS有助於管理者們了解工作再設計的潛在優勢和可能益處。

心靈劇場

在業務部有三大，第一大是個大頭，他叫大炮，因只要他出現便可以讓原本澳洲客戶（差勁的客戶）忽然乖乖買單，因大炮個人特質開朗、靈活、草根性強，容易與客戶打成一片，不過他愛吸菸常常令辦公室女生受不了。

另一大，叫大秉，個子矮，但用心打拚及克勤克儉，聞名業界，客戶未開門前他就在門口站崗，不僅如此還替客戶打掃店面，深獲客戶青睞，因此業績極佳。不過，小器到了極點，連買名產請祕書吃也以一小塊一小塊分送。

最後一大，叫大雄，視錢如命、業務能力一等一，但很會計較，連油錢、影印也喜歡多拗一點，業務會議上常看他帶頭要獎金，沒獎金一切免談。

找六位同學分別擔任三種角色的主管及業務部大三（大炮、大秉、大雄），並演出如何激勵他們三人的訣竅。

自我省思

1. 什麼是需要、動機和激勵？它們之間的關係如何？
2. 內容型激勵理論著重的是什麼？它有哪幾種理論，請分別簡述之。
3. 過程型激勵理論著重的是什麼？請簡述VIE理論和公平理論。
4. 目標設置激勵理論的研究重點是什麼？設置目標應遵循哪些原則？
5. 什麼是工作擴大化和工作豐富化？二者之間有什麼區別？

現│場│直│擊

當紅炸子雞

　　凱翔在這次主力商品的業績表現，可說是可圈可點，由於他的優秀表現，贏得總公司對分公司的高度重視，原本僅是業務主任的他，雖並未立即升官，但他可說是公司的「當紅炸子雞」，享受別人所沒有的好處。好比開會時以顧問姿態自居，主管總會要大家學習凱翔成交的招數，又好比下班時公司要求所有業務都必須返回公司打卡，唯獨凱翔可以倖免（其實是公司有意方便他），重要的是業務主管的角色似乎漸漸移轉到凱翔身上，如業務主管好像害怕凱翔似的，幾乎所有業務的問題都會請凱翔提意見，甚至一段時間後，所有員工都認定凱翔就是下一位接班人。是否在你的身邊也經常有當紅炸子雞，你所感受到的氣氛是什麼？當事人真正的心境又是如何？即使凱翔如期當上主管，在他接來的管理工作，又會有那些考驗？而你若身為此公司的主管，面對幾乎快威脅到自己的部屬，在心理與行為上又如何調整？

上 班 族 充 電 站

用教練來輔助訓練，有幾個關鍵

1. 盡可能鼓勵參與者在訓練後兩星期內，規劃第一次的教練面談。

2. 在訓練後的八週內，至少安排三次的教練面談。

3. 要確定主持教練面談的人要扮演教鍊的角色，問參與者如何運用訓練所得？經歷過什麼挑戰？參與者如何運用訓練觀念向前邁進？

4. 將教練輔導的焦點放在訓練觀念的永續性與應用性層面上。

資料來源：丁永祥，管理雜誌第 420 期，P54~P55

群　體

Chapter 07

學習目標

- 群體的定義、特徵以及基本分類。
- 了解群體的功能。
- 群體內聚力以及群體中的規範與壓力。
- 探討群體的發展。

名人
語錄　　追求第一很困難，要維持第一更是困難。

（廣達電腦董事長林百里，摘錄自 93.6.10 經濟日報）
資料來源：突破雜誌第 227 期 P106

第一節 前言

　　個人總是在群體中生活與工作，總要與他人產生千絲萬縷的關係。群體對其中的成員、對其他群體乃至對正式組織機構都會產生影響，這種影響可能顯而易見，也可能隱晦不明。管理者經常面對的難題是：個人單獨工作的效率高還是置身於群體中工作的效率高？在何種情況下以群體作為基本工作單位或決策單位更好？如何了解人們在群體中的相互作用？在回答這些問題之前，首先應當了解群體的概念和群體的功能、分類，了解群體的規模與結構以及群體的發展。

第二節 群體的定義、功能和分類

一、群體的定義

　　群體指以共同目標或利益為主而聯繫起來的3人以上的集合體。

二、特徵

1. 各成員相互依存，在行為上相互作用、相互影響，在心理上相互知曉。

2. 他們理解自己是一個群體並且有自己的從屬意識和行為規範。

3. 各成員懷有共同的興趣和共同的目標，並由共同的活動結合在一起。

4. 各成員在群體內占有特定的地位，扮演特定的角色，執行特定的任務。

群體的類型非常多元，群體的營造往往塑造了組織文化的不同。您的組織您的群體是什麼樣貌呢？

根據定義和上述特徵，家庭、鄰里、學生團體、委員會、大組織中各部門的下屬單位等均屬於群體；而電影院的觀眾、同機搭乘的乘客、街上看熱鬧的人群不具備上述特徵，因此不能算是群體。

三、群體的功能

群體之所以普遍存在，原因之一就是它對於內部成員和所在的組織都有極其廣泛的功能。我們有必要區分這些功能，並且要牢記：群體形成的基礎是極其複雜的，其決定因素是多樣的；一個特定群體既能實現多種正式的組織功能，又能滿足成員個人多方面的需要。

（一）群體的組織功能

群體的組織功能，是指群體活動中所有與組織根本目標相符的方面，主要包括以下幾點：

1. 群體是能夠協助完成內容複雜、及互相依賴的各項任務。這些任務靠個人是難以辦到的，也不能分解為獨立的部分。例如，駕駛一架飛機需要若干機組人員，他們執行各自特定而又密切相關的職能。

2. 群體是產生新思想、新辦法的手段，特別是當資訊分散於個人或成員之間，而需要相互激發創造力的時候。

3. 群體能夠在相互依賴部門間產生關鍵性的聯絡和協調作用。例如由各部門派出代表組成委員會、工作小組等，可以減少資訊溝通障礙，協調步調。

4. 群體是一種解決問題的途徑。很多問題需要處理，複雜的資訊需要掌握不同資訊的人相互溝通，需要對可能解決方案進行嚴格的評定。因此，很多組織經常通過設立課題小組、工作小組委員會諸如此類的群體來解決一些實際問題，如制定長期計畫，設計和介紹新產品，確立產品的規格標準或其他適用於整個組織的準則。

5. 群體能夠推動複雜決策的完成。例如，如果一個公司決定將一家工廠從一處遷往另一處，藉由設立一個由工廠內各主要成員所組成的群體代表參加執行小組不失為一個好辦法。由於這些群體參與了決策過程，搬遷效率會大大提高，既節省了時間，又減少了設備損壞，同時還避免了搬遷人員的抱怨。

6. 群體是促使成員社會化或對其進行培訓的媒介。將若干人集中起來加以訓練，能使他們得到同樣教育，形成群體一致意見。不過，群體一致意見可能以對抗組織的形式出現，有一定風險，但這並不足以阻止組織在教育活動中採用群體教育的方式。

以上所列還不完全，群體作為實現工作職能的一個有力武器，在管理領域占有重要的地位。一個組織，如能將適當的人、在適當的時機、圍繞適當的任務組成群體，將極大地提高整個組織的效能。

（二）群體在個人心理上的功能

組織成員的需要是多種多樣的，群體能使其獲得極大的滿足。

1. 群體是滿足交往需要—友誼、互助、愛—的基本手段。這種群體的原型就是家庭，也常被稱為「基本群體」。進入成年以後，人們仍然要依賴家庭來滿足這些需要。但同時，人們還會意識到需要友誼群體、工作群體以及一些其他關係來滿足人們的交往需要。

2. 群體是人們產生、加強和鞏固認同感及維護自尊的基本手段。家庭也同樣是這些基本過程的泉源。但是，其他各種正式和非正式的群體（很多是位於人們的工作場所），卻更主要地主宰著人們的觀念—「我們是的任務是什麼？我們的地位如何？我們的價值有多大？我們的自尊心有多強？」肩章、制服、帽徽以及其他類似的外在形式之所以重要，正是由於它幫助人們確定自己的身分和自尊。

3. 群體是個人明確和驗證社會現實情況的基本手段，通過與他人討論、交換意見以至形成一致見解，個體可以減低對社會環境的認識上的不確定性。例如，幾個工人在一起議論對嚴厲的主管的不滿，最後一致認為這個主管過分專制，並決定向高階主管反映他的情況。這樣，就減少了認知上的不確定性以及隨之產生的對未來的焦慮。

4. 群體是減少人們不安、焦慮和軟弱感的基本手段。事實上，在競爭或對立的關係中不僅一方人數的增加會增加其力量，而且有充分的證據表明，當人們身處險境時，他人的存在會使個體感到自己力量倍增，並沖淡原有的焦慮不安情緒。

5. 最後，群體對其成員來說，是一種解決問題、完成任務的途徑。這一點與正式群體相似，只是這裡所說的「問題」不同於管理人員所關心的任務，而是偏重於個人

「問題」。通過群體，個人能夠蒐集資訊，群體能幫助貧病成員，開展活動以免個人閒得無聊。

從上述功能可以清楚地認識到，為什麼群體如此廣泛存在而又如此重要，即使它有時使正式的組織任務難以完成。正是由於人們的許多基本心理需要在群體內得以實現，並且人的一生大部分的時間是在不同性質的組織工作崗位上渡過，因而群體理所當然成為人們工作中不可缺少的部分。

（三）群體的混合功能

對組織中群體的研究最重要的發現之一，就是多數群體都具有正式與非正式雙重功能。可以同時滿足組織和群體成員個人的需要。因此，心理學意義上的群體，也許是促進組織目標和個人需要一體化的關鍵所在。

例如，工廠或軍隊中的正式工作小組，通常會自然形成一種為能滿足成員各種心理需要的群體。對於實現組織目標來說，群體成員往往更加忠誠，願意傾心盡力，承坦任務。因此，研究管理效能的重要一環，在於確定能夠在正式的工作群體內使成員心理需要獲得滿足的條件。

另一方面，組織中還有一個極為有趣也十分重要的現象。與正式群體間非正式群體的變化剛好相反，道爾敦(Dalton)的研究發現，許多群體是基於非正式的特徵而形成的，如共同的經歷、宗教信仰或社會關係。令人感興趣的是，管理者可以利用這種非正式的網路作為正式的資訊溝通渠道，迅速彙集組織內各部門的資訊，或者讓第一線的操作者了解生產方針的變動。事實上，這種溝通過程可能發生在餐桌上，各種聯歡會上，高爾夫球場，或者在電話中話家常時。道爾敦認為，這些聯繫不僅滿足了個人心理上的多種需要，而且對保持組織的溝通也是不可少的。

總之，群體對於組織是十分重要的，因為它有助於實現組織目標並滿足成員個人心理的需要。如果一個組織能夠精心設計，使得部屬群體的心理力量與組織的目標協調一致，就能夠提高組織的長期效能，同時也滿足個人的需要。

四、群體的分類

社會中存在著多種多樣的群體，可以根據不同的標準對群體進行不同的分類：

（一）正式群體與非正式群體

按照群體構成的原則和方式，可以把群體劃分為正式群體和非正式群體。

所謂正式群體，是指組織機構為達成其目的有意建立的工作群體。其成員有固定的編制、明確規定的權利和義務、以及明確的職責分工。正式群體的具體形式可以是基層工作單位，管理機構中的職能部門，如祕書處、財務處，還可以是臨時工作機構，如專案小組。在正式群體中，規範其成員的外部因素是符合組織決策目標的規章制度；內部因素則是成員的工作認同感和職業成就動機。

所謂非正式群體，是指沒有明文規定，以成員之間的共同利益、共同興趣或共同認識為基礎形成的以感情聯繫起來的群體。成員之間也存在著一定的相互作用和約定成俗的行為規範，有自發形成的中心人物或「領袖」。在組織內部，非正式群體的具體形式可能是橫向組成的小集團，如住址靠近或工作區域相近的人自發組成的，興趣活動小組，自發組織的革新小組；也可能是組織等級系統中的縱向小團體，如不同級別或職位的成員按同鄉、校友、親朋等關係結成的小群體。非正式群體還可能是混合型的社會關係，由跨級別、跨單位甚至跨地域的人為具體利益經常集合在一起，以滿足正式組織內部不能滿足的需要，同鄉會、同學會等都屬於這種類型。

（二）大群體和小群體

按規模大小可以把群體分為大群體和小群體。凡成員有直接的、面對面的經常聯繫，下限為3人、上限為15~20人左右的人群集合稱為小群體。如果人數超過這一規模就會開始喪失直接相處的個人關係之小群體性質，或者分解為更小的子群體。而大群體成員之間只是通過共同的目標以及層次性的組織機構間接聯繫在一起。因此，大群體泛指工廠、機關、學校、協會等組織中的成員集合。大群體一般是社會學、政治學的研究對象。管理心理學側重研究小群體，因為在組織機構中，大群體往往被分解為互助合作的各種小群體。

（三）假設群體與實際群體

根據群體是否實際存在為標準，可以把群體分為假設群體和實際群體兩大類。

假設群體又稱統計群體。這是一種實際上不存在，但為了了解人口的宏觀分布，人為劃出來的群體。比如，為了統計工人的年齡構成比例，便可以人為地假設青年工

人、中年工人和老年工人這三個群體。儘管這種統計分類並不符合群體的定義，但對了解一個國家、一個地區或一個企業的人員構成、勞動者年齡構成以及管理工作中的種種關係，卻十分必要。

實際群體即客觀存在的、符合群體定義的成員集合體。他們之間有直接的接觸、聯繫和相互作用，彼此意識到對方的存在，具有共同的目標或共同的利益，並具有認可這一群體的歸屬感。

（四）參照群體與非參照群體

根據群體的社會作用，可把群體劃分為參照群體與非參照群體。

所謂參照群體，指這種群體的標準、目標和規範已成為人們的行動指南，成為人們要努力達到的目標和加以遵守的行為規則，所以又可稱之為標準群體或榜樣群體。這種群體的標準、目標和規範存在於個人的心目中。所以，個人所在的群體不一定是他心目中的參照群體，他可以把另一個群體作為自己的行為表率，作為自己的參照群體。

非參照群體指那些雖然存在，但它的標準、目標和行為規範沒有成為人們行動楷模的一般性群體。非參照群體中的成員如果按照參照群體改變自己的標準、目標和規範，就可能逐漸改變自己的社會作用。比如，一些小群體，尤其是青少年小群體時常模仿自己心目中的偶像，再加上群體內部成員的相互影響，便會向著自己的參照群體方向演變。因此，親社會群體和反社會群體的形成都與他們各自的參照群體的影響密切相關。

（五）委員會與臨時工作小組

就管理機構中的工作形態而言，又有委員會和臨時工作小組之分。

1. 委員會

所謂委員會，是指從事一種特殊工作或實現某種目標，有行動計畫並有指定領導人的工作群體。委員會往往以會議形式進行工作。它可能是管理機構中的一個組成部分，也可能獨立於現在的管理機構。在較為龐大和複雜的組織中，委員會往往是一個常設機構。

　　委員會在組織中的地位隨境而定。越是趨向於分權的組織，給予委員會的權力越大；不同單位之間需要協調解決的問題越多，委員會在組織中的作用就越是重要。一般而言，委員會具有多種管理功能，包括為管理者提供交換資訊和觀點的機會，參與諮詢，協調組織中各單位的關係，甚至組織重大決策會議和進行監督。

　　委員會可以按其工作是否具有連續性，分為常務委員會和非常務委員會。常務委員會負責處理組織中的日常事務。其成員可能由民主選舉產生，也可能由上級組織委任。如學校中由校長負責的校委會等。

　　非常務委員會以定期或不定期形式召開會議，負責重大決策和重要的人事任免。其成員由選舉、推薦或指定方式產生，他們應當是組織中不同等級和不同利益群體的代表，如公司的董事會、企業的職工代表大會等。

2. 臨時工作小組

　　臨時工作小組指組織為解決某個特殊問題，完成某項具體任務，臨時召集一些人員組成的小群體。臨時工作小組的特點在於：其一，任務完成之前，其成員經常全日在一起工作，任務完成之後，工作小組即解體，其成員回歸原來的工作單位；其二，選擇小組成員的主要標準是完成任務所必要的專門知識和特殊才能而非他們的職位和級別。

　　組織機構通常採用臨時工作小組的方式來處理突發事件、解決專業化難題。這一類為特定目的和任務組成的工作小組通常具有相當大的決策權，屬於典型的以任務為中心的工作群體。

在例行會議上，往往是了解群體心理與行為發展的機會

職｜場｜話｜題

轉變思維，打造遠距企業力

　　當公司要透過遠距來運作，首先應該進行數位的轉型，而且是全公司經營層面都必須改變數位思維及方式，才能擁有遠距離競爭力。在過去的幾年中雲端運算數據分析數論體驗已經顛覆了原來的市場，到今日人工智慧區塊鏈虛擬實境又再次帶來破壞式的創新，所以數位轉型簡單來說就是─企業利用新技術、新科技優化原來的商業模式，更新內部作業流程，讓組織結構升級並且提供顧客新價值。

　　根據麥肯錫報告，許多企業數位轉型不順利的原因─通常有策略不明確規劃、不完整目標、不協調。倘若要完成遠距離的目標，就必須要轉變思維。

資料來源：陳玉鳳，貿易雜誌，第 363 期，P14~19

第三節　群體活動的動力

一、群體內聚力

（一）群體內聚力的概念及測定

　　群體成員之間的相互作用和感情，對於群體任務的完成產生重要作用。有的群體中意見分歧，關係緊張，矛盾較多，就不能順利完成任務；有些群體意見比較一致，關係融洽，相互合作，任務就完成得好；還有一些群體，成員之間互相協助，以作為群體的一員而自豪，對群體工作有強烈的責任感和義務感，這種群體具有有力和積極的群體規範。這三類群體的判別主要表現在內聚力的高低上。因此，群體內聚力指群體對其成員以及成員與成員之間的吸引力。當這種吸引力達到一定強度，可以說是一個具有高內聚力的群體。

　　群體內聚力與群體團結是有區別的。內聚力主要指群體內部的團結，而且可能出現排斥其他群體的傾向；群體團結則往往既包括群體內部的團結，也包括與其他群體的相互支援、相互協調。

　　要了解和分析一個群體的內聚力的高低，可以進行心理學測量。心理學家多伊奇(Deatsch)曾提出一個計算內聚力的公式，可用於實際測定：

（二）影響群體內聚力的因素

　　群體內聚力的高低，受到許多因素影響，這裡討論一些主要因素。

1. 群體的領導方式

　　不同的領導方式對群體內聚力有不同的作用。心理學家勒溫等1939年的經典實驗，比較了「民主」、「專制」和「放任」這三種領導方式之下各實驗小組的效力和群體氣氛。結果發現「民主」型領導方式的小組比其他組成員之間更和諧，群體中思想更活躍，因此內聚力更高。

2. 外部的影響

外來的威脅會增強群體成員相互間的價值觀念，從而提高群體的內聚力。例如，群體間的競爭往往可能使群體遭受損失，這就會使群體增強內聚力，以對付這種競爭。

3. 群體內部的獎勵方式和目標結構

不同的獎勵方式會影響群體成員的情感和期望，個人與群體相結合的獎勵方式有利於增強群體的內聚力。與此有關的是工作任務的目標結構，群體成員的任務目標互不關聯，就容易降低群體內聚力；相反，把個人與集體的目標有效率地結合，就會增強集體觀念和內聚力。

4. 其他因素

群體中資訊交流方式是重要的情景因素，此外，群體成員的個性特徵、興趣和思想水平等都會影響群體的內聚力。

因此，在管理工作中應重視上述因素對於群體的影響，促使群體形成健康而積極的群體氣氛和內聚力。

（三）群體內聚力與生產率

群體內聚力高，是不是一定能有高的生產率呢？相反，內聚力低，是不是就說明群體生產率低呢？這裡，社會心理學家沙赫特(Schachter)的重要實驗，對於理解和分析內聚力與生產率的關係是比較具有意義。

沙赫特等在嚴格控制的條件下檢驗了群體內聚力和對群體成員的誘導對於生產率的影響。實驗的引數是內聚力和誘導，因變數是生產率，除了設立對照組進行對比以外，沙赫特等把實驗組分為四種條件，即高、低內聚力和積極與消極的誘導。實驗條件如圖7.1所示：

圖7.1　實驗條件：內聚力與誘導的關係組合

　　「內聚力」的高低由指導語控制。「誘導」則主要是指以團體其他成員的名義寫積極和消極的字條給被試者，積極的誘導要求增加生產，消極的誘導則要求減慢完成任務的速度（限制生產），實驗任務是製作棋盤。實驗分兩個階段，前16分鐘沒有進行誘導，被試者只收到中性的字條；後16分鐘每組都收到6次誘導的字條，實驗結果如圖7.2所示。

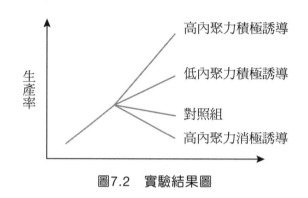

圖7.2　實驗結果圖

　　在實驗第二階段（後16分鐘），兩種誘導產生明顯不同的效應，極大影響了內聚力與生產率的關係。實驗結果可總結為7條：

1. 無論內聚力高低，積極誘導都提高了生產率，而且高內聚力組生產率更高。

2. 消極誘導明顯降低了生產率，高內聚力組的生產率更低。

3. 高內聚力條件比低內聚力條件更受誘導因素的影響，在積極誘導條件下，高內聚力組生產率更高。

4. 群體內聚力越高，其成員就越遵循群體的規範和目標。

5. 如果群體傾向於努力工作、爭取高產，那麼高內聚力的群體的生產率就更高。

6. 如果內聚力很高，群體卻傾向於限制更多地生產，甚至與其他群體鬧摩擦，那麼就只會大大降低生產率。

7. 對群體的教育與引導是關鍵的一環，不能只從加強成員之間的感情來提高內聚力。

　　因此，管理者必須在群體內聚力提高的同時，加強對群體成員的思想教育和指導，克服消極因素，才能使內聚力成為促進生產率的動力。

二、群體規範

　　群體規範是指群體所確立的群體中每個成員都必須遵守的行為標準。但群體的規範並不是規定其成員的一舉一動，而是規定群體對其成員行為可以接受和不能容忍的範圍。群體的規範可能是正式規定的，但大部分規範是非正式的。

　　群體規範的形成受模仿、暗示、順從等心理因素的制約。群體存在的重要條件之一是它的一致性。這表現為群體成員的行為、情緒和態度的統一。在群體成員彼此相互作用的條件下，會發生一類化過程，即彼此相似、趨同的過程，這是由於相互模仿，受到暗示，表現出順從所造成的。

　　美國心理學家裡夫(M. Sherif)的實驗說明了群體規範的形成過程。被試者單獨在暗室中觀察一個前方的光點，並讓其判斷光點如何移動。實際上，光點沒動，但因為視錯覺每人都會覺得光點移動了，並且方向各不相同，隨後，讓人們討論，共同判斷，過一段時間後，大家的觀點逐漸趨於一致。這就是說，在模仿、暗示、順從的基礎上，個人的反應模式被群體規範所代替，從而形成群體規範。

　　實驗繼續進行，把被試者重新分開單獨判斷，每個人並沒有恢復其原先建立的個人反應模式，也沒有形成新的反應模式，而是一致保持群體形成的規範。這表明群體規範會形成一種無形的壓力，約束著人們的行為，甚至不被人意識到。

　　這個實驗結果完全符合於現實存在群體的情況。霍桑實驗中同樣發現非正式群體中也存在一定的規範。這種規範約束著群體成員的行為，並在有人違反規範時對他施加某種壓力和懲罰。在企業管理工作中，應了解群體規範，研究樹立積極規範和克服消極規範的措施和方法。

　　六十年代後期，美國管理心理學家皮爾尼克(S.Pilnick)認為群體規範與企業利益有直接關係。他提出了「規範分析法」作為改進群體工作效率的工具。這種方法包括三項內容：

1. 明確規範內容

　　要了解群體已形成的規範，特別要了解起消極作用的規範，並聽取對這些規範進行改革的意見。

2. 制訂規範剖面圖

　　將規範進行分類，例如，分為「組織榮譽」、「業務成績」等十類，列入下圖（見圖7.3），每一類定出理想的給分點。這種理想的給分點與實際評分的差距，稱為規範差距。

3. 進行改革

　　改革從最上層的群體開始，逐級向下，確定優先改革的規範專案，主要考慮該規範對企業效率影響的大小，不一定要把規範差距大的專案列為優先改革的專案。

　　皮爾尼克認為，這種群體規範改革的優點在於不是針對個人，而是針對整個群體，因此使群體成員易於接受。

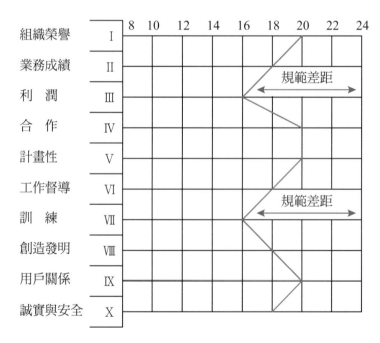

圖7.3　某群體規範剖面圖

三、群體壓力

　　當一個人在群體中與多數人的意見有分歧時，會感到群體的壓力。有時這種壓力非常大，會迫使群體的成員違背自己的意願產生完全相反的行為。社會心理學中把這種行為叫做「順從」或「從眾」。

美國心理學家阿希(S.Asch)設計了一個典型的實驗，證明在群體壓力下會產生「順從」行為。把7~9人編成一組，讓他們看兩張卡片（見圖7.4）。很明顯X=B，一般錯誤概率小於1%。但阿希故意要求8人作了一致錯誤判斷，如X=C。而第9個人則有37%最後放棄了自己正確的判斷而順從群體的錯誤判斷。

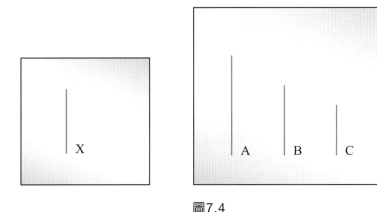

圖7.4

影響順從現象產生的因素包括環境因素和個性因素。從環境因素來看，如果該群體是一個人的參照群體，群體的意見一貫比較一致，群體比較團結，那麼，這個人就容易在群體壓力之下產生順從行為。從個性因素來看，如果一個人的智力較差，情緒不穩定，缺乏自信心，在群體中經常要依賴別人，也容易產生順從現象。

雖然在群體的壓力之下不少人會產生順從行為，但他們的情況是很不同的。要區別順從行為的表面反應和內心反應，這兩個方面並不一定是一致的。大致可分為如下幾種情況：1.表面順從，內心也順從；2.表面順從，內心並不同意；3.表面不順從，但內心順從。此外也存在表面和內心都不順從的情況。

前蘇聯心理學家彼得夫斯基對於群體壓力和順從現象提出了不同看法。他認為，把任何遵從群體意見的情況都看成是順從，這並不正確。如果兩個人都同樣接受群體的意見，並沒有說明問題的實質。因為一個人接受意見可能是屈服於壓力，怕被孤立，而另一個人可能是為了實現群體的理想和信念而與群體保持一致，他把後一種情況稱為「集體高度的自決」。群體壓力並不是人們改變意見的關鍵因素，關鍵因素是遵循集體的崇高理想、目的和價值觀念。

　　儘管前蘇聯與美國的研究有分歧，但都不否認群體壓力和順從現象的存在。企業管理中應重視這種現象。

　　美國管理學家李維特提出了群體對持異議者施加壓力的方式。如果在一個管理委員會中個人的意見與群體的意見有分歧，群體會對他採取四種施加壓力的方式：理智討論、懷柔政策、鐵腕政策和開除政策。這就是說，先用講道理的辦法使個人順從，如果講不通，就用開玩笑或打成一片的方式表示他與群體並無原則分歧，再不通，就公開施加壓力一直到把個人從群體中區分出來，或者對他的意見根本不予理睬。

　　在企業管理中應重視群體壓力和順從現象，一般來說，應避免採取群體壓力的方式壓制群體成員的獨創精神，但也不能認為群體壓力只有消極作用。對於群體成員的不良行為給予適當的壓力是必要的。前蘇聯教育家馬卡連柯在改造犯罪少年時成功地利用了群體壓力的手段。

現│場│直│擊

颱風假

　　台灣的颱風常令人有迅雷不及掩耳的感覺，一不注意可能一些地區，甚至是重要地區已成為汪洋一片，好在目前政府已經界定颱風假的標準，但事情就發生在前幾個颱風，公司在政府已宣布放假的當天晚上，還請人力資源部通知大家，明天正常上班，許多員工十分生氣！公司竟未考慮我們的生命財產安全，要賺錢也不能沒有立場呀！不過，大家卻不敢反應，只好配合，也許你會想，只要有人向有關機關檢舉公司的不當行為公司便會改進，但公司的文化向來如此，老闆常以高薪挖角，待不待是個人決定，若因一、二天颱風假不上班，可能會丟了工作，況且颱風也沒有大到無法外出，因此多年來大家也有這個默契，正當大家歡呼大叫可以放假囉！對於這個公司的員工來說卻不以為意，若時光倒流到未實施放假標準時，你是員工的話，你會堅持以上理由與公司爭取嗎？若不會，那原因又是什麼？假使談判破裂，那後續問題又有哪些呢？你相信會有企業在颱風假要求員工上班嗎？它所造成的員工管理與心理問題又有哪些？

心 靈 小 站

真實的自我

　　大街小巷不斷傳來歡聲鑼鼓，一大批軍隊凱旋歸來，所有民眾都爭先恐後想一睹君王的英姿，在街頭的另一端，工人們正加快速度搭建供貴族觀看的看台，大街兩旁站著一排衛兵守衛著安全，當遊行的軍隊走近皇族看台時，此時在看台上的皇太子為了更靠近看父親，就趁大家不注意跳了下來，一溜煙穿進人群準備去攔君王的座車，但此時衛兵發現他了，就一把抓住他，對他咆哮：「不准跑過去，你知道嗎？他是皇帝」，小太子聽了笑了出來並對衛兵說：「對！他是你的皇帝陛下，可是，他是我的父皇」。

　　你有頭銜嗎？或者你在乎頭銜嗎？把身分、地位、架子常掛嘴邊，常有人卸下這一切，你剩什麼呢？真實的自己你喜歡嗎？

※心靈筆記※

第四節 群體的規模和結構

一、群體的規模

群體規模指構成群體人數的多少。就正式群體而言，管理者可以通過有組織的分工或工作單位的劃分來控制組織內部正式群體的規模，把成百上千人的大群體分解為三十人以下的工作小群體是傳統的組織管理方式。

關於群體規模的大小，有幾個與個人、組織和工作密切關聯的要點值得管理者重視：

1. 在組織中總人數不變的情況下，群體規模越大，工作單位就越少，反之，群體規模越小，工作單位就越多。

2. 隨著群體規模增大，該群體所擁有的資訊、知識和技能的覆蓋面就越大。但這些增大的人力資源受到單一工作侷限，難以發揮出來。

3. 群體規模超過了小群體的自然凝聚力時，就會分解成更多的非正式小群體，容易在同一工作區域造成較多的摩擦和衝突。

4. 個人在大規模群體中參加活動、表現特長的機會和獲取獎勵的機會減少，個人容易產生失落感。

5. 隨著群體規模增大，成員對他人情況的知覺清晰度下降，人際關係反而不如小群體中親密，人們會有疏離感。

6. 擴大群體規模時，由於新角色的增加，可能削弱管理者的權力和影響力。事實上，隨著組織中部門或人數的增加，會使任何一個人的影響力都相對減少。每個人都可能會因為覺得並不是「非己不可」而降低工作責任感。

由此可見，群體規模的大小不僅要考慮到生產任務的性質，還應當適宜於每個成員有機會參加活動，表現智慧和差異，受到重視和獲得獎勵，同時在協調成員關係上不花費過多的時間。如何使群體中人員的數量、質量既能保證生產任務的完成，使群體的工作或生產效率達到最佳狀態，又使群體成員能夠保持良好的人際關係，保證組織效率，是管理者的一個重要課題。

二、群體的結構

　　群體結構又稱群體成分，是指群體成員的構成性質或特點。群體結構是多層次的，可以從生理、心理和社會三個層面加以分析。

　　群體生理構成特點包括年齡、性別，健康狀況和種族的生物學特徵，如膚色和身體表徵之類的遺傳特徵。一般而言，非正式小群體的生理構成較為接近，而正式群體的生理構成差異則比較大。

　　群體心理構成成分包括智力、態度、興趣、個性傾向和特殊技能。社會心理學的研究表明，在地理上接近的人群中，相似的信仰、價值觀和態度容易產生相互吸引，結成小群體。

　　群體社會構成成分可以從受教育程度、收入水平、職業聲望的高低、權力和社會知名度等方面進行分析。所有這些因素構成了群體成員特殊的社會地位。一般說來，社會地位相似的人容易結成小群體。

　　按群體構成性質還可以區分出同質群體和異質群體。同質群體是指其成員在生理、心理和社會構成特點上都很接近，如大學中的興趣小組；而異質群體則相反，是指其成員在上述三方面都迥然不同，是按各種不同特點配置起來的群體。

　　同質群體的內聚力較強，人際關係比較密切，適用於基層生產組織；異質群體在創造性、解決問題的質量和成員對解決問題結果的滿意程度上，均優於同質群體。但是，如果異質群體內缺乏專業知識，或不能有效地交換資訊時，就不能提高群體解決問題的質量。還有研究表明，同質群體執行簡單任務時的效率較高；而異質群體完成複雜任務時的效率較高。

未來式的辦公環境如何？是在同一個空間呢？還是遠距離但有熱情的夥伴關係？

一般認為，工礦企業中的基層生產班組以同質結構適宜，而工礦企業的管理機構則以異質為好。

─ 心 靈 劇 場 ───────────────────────────────

　　請現場營造下列各種群體氣氛（建議搭配一些道具）

1.　和諧、溫馨

2.　創意十足

3.　悲觀

4.　猶豫不決

5.　積極、活力

　　將任務分別交給全班同學一組4人，由每一組分別上台用他們的方式，營造全體的各種群體氣氛。

　　你覺得哪一組猴犀利？你被影響了嗎？

 上 班 族 充 電 站 ─────────────────────────

用訓練留住人才，人到用時方恨少！

　　在企業擴張的過程中，中小企業主最常碰到的問題是：沒人可以用，事事都要自己來，其實這是中小企業的通病，投資人才也是企業主的重要工作。

訓練的 4 個基本心態

　　企業主對訓練都會有很多的疑問或是抱怨，例如：緩不濟急、訓練好了被挖角等等。做訓練有幾個基本心態是要先建立的：

1.　訓練是長期投資

　　訓練不是短期可以看到成效的，因為訓練並不是特效藥，上了一些課程就什麼都會，尤其是管理階層的養成那更是困難。

2.　好的人才會被挖角

　　一個好的員工，在經過公司幾年的培養，已經可以賦予重要任務時，卻被競爭對手挖角，這並非是訓練的問題。

3. 訓練不是人事單位的責任

很多企業主把訓練全推給人事單位，那是不對的，因為人事單位只能訂定基本通用的訓練課程，各單位所需要的課程或是中、高階主管所需要的訓練，有時並非僅限於上課而已。

4. 經濟不景氣時是訓練的最佳時機

在景氣不好時，表示員工會有較多的時間，此時是做訓練的最佳時機。而在景氣好時，主管們忙於工作，撥不出時間。但在這個時點，時間上一定較好安排，因此除了相關的管理職訓外，更可以討論危機管理。

資料來源：鄭絢彰，管理雜誌第 420 期，P58~P59

人際關係

學習目標

- 人際關係概念及基本類型。
- 妨礙和增強人際關係的因素。
- 改善人際關係的方法。
- 人際關係測量方法。

名人
語錄

要有效掌管一個公司,除了領導能力外,還必須有足股權
做為基礎。

(國巨集團最高顧問陳泰銘,才高錄自 93.6.18 經濟日報)
資料來源:突破雜誌第 227 期 P106

第一節　前言

　　人們在生產與生活中組成群體，從事共同活動，彼此之間建立各種複雜社會關係。人們在活動過程中形成的人與人之間的直接交往關係，即所謂人際關係。人際關係在一定程度上反映人與人之間的經濟關係和政治關係，而且作為人們持續進行社會交往的基礎，人際關係對日常生活、工作、學習和各種社會活動起著重要作用，直接影響到人們的活動效率。因此，人際關係應當受到工作組織和群體管理者的高度重視。

第二節　人際關係的意義

一、人際關係的概述

　　人際關係，指人與人之間的相互交往和聯繫。交往可能是物質交往，也可能是精神交往。交往可以借助言語來進行，也可以通過非言語手段，如面部表情、手勢、體態語言等方式來進行。

　　在人際交往中，所有可以從外部觀察到的行為（即外顯行為）都包含了某種意義或資訊。這些意義代表著人與人相互間的判斷、評價和情感體驗。因此，各式各樣的人際關係都包含了行為、情緒和認識三種成分。行為成分包括活動的結果和行為舉止的作風。情緒成分具有兩極性：悲傷、羞恥、恐懼和悔恨是不愉快的感受；而歡喜、驕傲、滿意和尊敬則是愉快的感受。此外，情緒的強度與敏感性也是人際關係分析中值得注意的指標。認識成分往往起行為導向作用，情緒成分往往對行為產生促進作用，而行為和行為後果（如他人的反應）則會改變原有的認識和情緒感受。

二、群體中人際關係的類型

（一）人際反應類型

　　每個人在不同的社會生活中形成了不同的個性，他們對人際關係的反應也各有差異。卡倫・荷妮(K. Horney, 1950)曾把個體對他人關係的反應大致劃分為三種類型，即親近型，對抗型和分離型。這三種人有如下特徵：

1. 親近型

　　這種人喜歡交往，更關心他人對自己的評價；他不僅易於使自己適應和服從他人，還會為他人著想，設法討別人喜歡並努力依順周圍最有影響力的人。這種類型的極端就是缺乏自主性和對別人的高度依賴。

2. 對抗型

　　這類人富有進取性，他以支配控制他人為樂事。每次與別人交往，首先關心的是對方能力的多少，或者他人對自己有什麼好處，支配和控制的努力一旦受挫，他就會對別人產生仇視和對抗。

3. 分離型

　　分離型的人樂於離群索居，經常想躲避他人的影響與干擾。這類人性情內向，有耐性，尊重他人，有較強的理想、自我，並容易沈溺於幻想和思索之中，在作出人際反應時往往顯得靦腆、羞怯。這種類型發展到極端，可能因為想像與現實差距過大，無法適應現實關係而遭受挫折、失望、內疚和自恨。

　　荷妮還調查了這三種類型與職業的相關性。她認為親近型的人多從事社會工作，如醫學和教育工作者；對抗型的人多從事商業金融以及法律方面的工作；分離型的人則多從事藝術和研究工作。

（二）交往傾向的分析

　　為了確切地測驗群體中的人際關係，美國心理學家巴利斯(P.E.Bales, 1950)把群體中人際相互作用的傾向性作了分類，並且為個別成員的反應傾向提供了圖譜分析。這個分類系統現在仍然很有實際用途。

巴利斯認為，人際的社會性反應可以分為：1.正反應。包括團結、消除緊張和同意；2.中立傾向。包括暗示、表述意見、提供資訊和尋求定向、徵求意見；3.負反應。包括不同意、表示出緊張不滿、表現敵對。這三類交往傾向可以分解為12個範疇或交往過程中的12種行為（見圖8.1）。

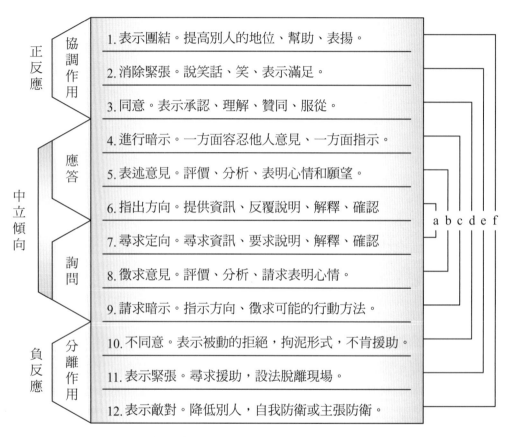

a.有關定向作用；b.有關評價；c.有關控制
d.有關決定；e.有關緊張與鬆弛；f.有關綜合過程
圖8.1　人際關係作用的分類體系(Bales 1950)

其實，群體交往中不一定都有上述幾種行為。由於群體的性質不同，討論問題的內容不同，12種行為的分布是不均勻的。一般而言，1、2、3項的行為多些，群體成員間的關係就親密一些；相反，如果群體的團結性差，則第10、11、12項的行為就多一些。個人的人際反應傾向也可以反映在這種圖表上。由於巴利斯的評估圖是在實驗室中繪製的，有很大的人為性，因此不能作為現實人際傾向的參照表。在具體的社會情境中，群體交往既可能缺乏1、2、3項行為，也可能缺乏10、11、12三項行為。

三、管理中的人際關係及其作用

在正式群體中，由權力、責任和利益的分配差異構成了金字塔形的組織階梯，從而使不同管理階層之間的人際關係具有不同的類型和作用。工作關係既可能造成親密的人際關係，也可能導致激烈的人際對抗或人際分離。根據卡倫・荷妮對人際關係的三種劃分類型，可以具體分析為親近、對抗和分離的人際傾向。這些傾向同樣存在於管理階層中，並在向上、向下和平行的三種工作關係中具有重要作用。

（一）向上型人際關係

指群體中屬下成員對上級領導者的交往傾向。它可以再分為向上親近型、向上對抗型和向上分離型。

在向上親近型的人際關係中，下屬成員對上級領導者有主動的接近和順從傾向。領導者的個人魅力、工作能力和關心員工的行為取向是贏得向上親近型關係的三種需要品質。向上親近型的普遍程度標誌著組織凝聚力的強弱。對領導者持親近態度的成員越多，該組織的決策越容易被群體接受，領導者的指揮也會更順利地得到下屬員工的迅速執行。其不利之處是容易形成下屬對上級領導者的依賴。

向上對抗型關係表現在下屬成員對上級成員的不滿、仇視、反抗甚至侵犯。領導者的不良品質和工作失誤要對這種關係的形成負主要責任；下屬員工素質低下、缺乏社會成熟度也是向上對抗的原因之一；不公平的管理效果和利益分配也容易引起程度不同的向上對抗。這種關係往往使群體內產生衝突、惡化群體氣氛、損害管理權威，並連鎖引起成員之間的工作不協調，對組織運行和管理工作危害極大。

向上分離型人際關係指下屬成員一方面對領導者心懷不滿，另一方面卻無能為力而產生的疏離、迴避傾向。對領導者個人的冷漠反應極容易影響到工作行為，消極甚至「跳槽」是這種關係通常導致的後果。向上分離型和向上對抗型時常相互轉化，它們對群體的生存發展都具有同樣的消極作用。由於向上分離型較為隱祕，不易被發現，因此也較為普遍地長期地存在於各類群體之中。

（二）向下型人際關係

指上級管理階層對下屬成員的交往傾向，可以分為親近、對抗和分離三種形態。

向下親近型人際關係指領導關心員工的需要、價值和個人發展，隨時參加員工的活動並建立廣泛的個人友好關係，其效果同向上親近型相似。它們的區別在於，向下親近型人際關係中，領導者的態度更加主動隨和，也更能提高員工對自己所在群體的滿意感。但是，這種領導行為有可能耽誤工作，並在下屬中形成缺乏主見的形象。

向下對抗型人際關係表現在領導者缺乏安全感，把組織權力視為個人的身分和價值，不信任下屬；猜忌和恐懼使這種領導者對下屬成員採取嚴密的監督措施；制定許多與組織目標關係不大甚至無關的制度，以支配和控制下屬的行為為樂事。在這種情況下，下屬成員因自立性受限而更容易出現怨恨、不滿和「犯規行為」；於是反過來證明了領導者的不安全感，導致更多的管制措施。這種極端的「制度狂」會嚴重損害群體關係，歪曲組織目標。它的典型情況即以強制為基礎的個人集權，是現代管理制度中尤其需要避免的傾向。

向下分離型人際關係是由領導者的無能和懦弱所致，這種領導者害怕同群眾接觸，擔心在群體中暴露自己的弱點，常常離群索居；其結果導致放任型的領導行為，當群體成員素質不高、工作關係無秩序時，會嚴重影響組織的運行。

（三）平行型人際關係

指管理階梯同一級別中成員之間的關係，也可以分為平行親近型、平行對抗型和平行分離型三種交往傾向。

在平行親近型人際關係中，成員之間是相互吸引、相互支援的關係。它有助於同級成員之間的工作協調，給他們帶來滿意感，造成良好的群體氣氛。但過分親密的平行親近關係也會形成群體壓力，如霍桑實驗所表明的在關係親密的小群體中，工作績效高的要降低、工作績效低的則會提高，以適應大多數成員的平均成績，這種情況不利於競爭性激勵。

平行對抗型人際關係由於同級成員的性格不合、工作利益衝突而造成相互之間的不滿甚至敵視。對合作性強的工作威脅極大；在分工不明確、權力責任劃分交叉重疊、出現額外工作或利益競爭的情況下，平行對抗型關係的破壞作用表現得尤為突出。

平行分離型人際關係指同一管理階層的成員關係疏離，個人獨立性太強，雖互無衝突但各自為陣。這種人際關係對單獨可以完成的工作影響不大，但不利於合作性任務。

第三節 **影響人際關係的因素**

在群體中，人與人之間總會建立各種各樣的關係。然而，在同一個群體內，人際關係的密切程度卻各不相同。人際關係建立受各種因素的影響。社會心理學的研究表明，影響人際關係的因素主要有以下兩大類。

一、增進人際關係的因素

（一）距離的遠近

人與人之間在地理位置上越是接近，就越是容易形成密切關係。例如，在教室裡座位彼此靠近的學生，機關辦公室位置鄰近的同事，以及住宅附近的鄰居和同一宿舍的單身漢，彼此見面的機會多，自然容易建立人際關係。而彼此隔離的村落，相距一個街區的居民形成和發展友誼的機會就要少一些。據費斯廷格(L·Festinger,1950)等人的研究，住在同一樓房的鄰居，位置相距越近越容易建立友好關係。住同一層樓的人比住在不同樓層的人成為朋友的可能性要大。甚至在同一層樓上，相距22公尺和相距88公尺的住戶在形成友好關係上都有差別。

（二）交往的頻率

交往的頻率指人們相互接觸次數的多少。由於地理位置接近，或由於工作上的需要，相互交往的次數越多，越容易形成共同的經驗，產生共同的話題和共同的感受。對於素不相識的人來說，地理距離和交往頻率在形成人際關係時，尤其產生重要作用。

地理位置接近和交往次數較多之所以能促進人際親密關係，其主要原因是他們使交往各方彼此之間更加熟悉。查榮克(1968)有好幾項實驗都證明，只有對象不具有很強的否定因素，見面次數增加就能加強喜歡對方的感受。但我們也要注意例外，如兩人之間本來有矛盾或性情不合，密切的接觸有可能使他們更不喜歡對方。

（三）外部的壓力或威脅

　　當一個群體的大多數成員都面臨著共同的外部壓力或威脅時，會加強他們之間的親密程度。外部壓力往往引起恐懼和焦慮，而相互依賴，共同努力去應付威脅的根源便可減輕恐懼。社會心理學的許多研究都表明，單是待在群體中就可以減輕恐懼(McDonald, 1970)，而且，恐懼的成員在感情上也彼此更接近了(L.S.Wrightnian, 1960)。共同的敵人會使一個群體團結得更加緊密。政治家和管理者經常把這一原則運用於實踐之中。

（四）相似性

　　人們喜歡和那些與自己有共同點的人發展親密關係。如果有共同的興趣、態度、理想信念和價值觀，就很容易產生共鳴。相似性對人際關係的促進作用還表現在年齡、種族、社會階層、教育水平、思想成熟水平等方面。此外，職業、智力水平、特殊技能相似的人們之間也比較容易產生親密關係。西奧多·紐科姆(Theodore Newcomb,1961)做了一項大規模研究，他以測驗和問卷材料為基礎，把一些相似的學生安排到一間宿舍裡，再把一些差異較大的學生安排到另一間。在一段時間之後，相似的學生最後相互成為朋友。這項研究為管理者進行群體分工和人員調配方面提供了重要的參考依據。

（五）互補性

　　一般說來，個性特徵相似的人容易相處。但是，個性特徵截然不同的人也可能取長補短，相互滿足對方的需要。現實生活中常見這樣的例子：支配性強的男性和順從性強的女性之間十分親密；活潑健談的人與沉默寡言的人會成為親密朋友；數學愛好者也可能同文學愛好者十分投機。只要人們的個性特徵能彼此導致滿足，互補性就可以促成良好的人際關係。

（六）社會規則和慣例

　　許多成文的社會規則和慣例影響、甚至決定著人際關係的性質。比如，家庭不僅限定了感情和生活伴侶的關係，而且是經濟合作與受撫育的子女所依賴的基本社會關係之一；社區和房屋的設計與分配限定了居民交往，分割成不同的利益群體。由此可見，社會規則和慣例對人際關係的性質起到極為重要的作用。它們劃出了諸如家庭、

工作群體、社區群體和利益群體等不同人際關係的邊界，並且對這些群體內部和外部的人際交往發生著重大的影響。

二、妨礙人際關係的因素

在人與人的交往中，妨礙人際關係的因素較多，大致可分為人的主觀因素和客觀因素兩類。其中人的主觀因素，尤其交往者的不良性格特徵對建立良好的人際關係妨礙極大，這裡特別提出討論。

1. 不尊重他人的人格，對他人缺乏感情，不關心他人的悲傷情緒，將他人作為自己使用的工具，這種人對他人缺乏吸引力。

2. 自我中心傾向嚴重，只關心個人利益和興趣，漠視他人的處境和利益，這樣的人只能與他人建立膚淺的關係，缺乏對他人的吸引力。

3. 對人不真誠，只關心自己，不顧他人的利益和需要，採取一切手段為自己謀私利者，對他人缺乏吸引力。

4. 過分服從、取悅他人的人；過分懼怕權威而不關心自己的部屬的人，也沒有吸引力。

5. 過分依賴他人而缺乏自尊心、過分自卑、缺乏自信、對他人言行過於敏感、對他人批評過分以及完成工作任務後自誇的人，也不容易與他人建立良好的關係。

6. 反抗且妒忌心強、懷有敵對情緒和懷疑性格、懷有偏激情緒的人也難以與人相處。

7. 過分孤僻、不易與人交往、懷有偏見、報復心強、狂妄自大、目中無人、對他人過分苛求的人也會妨礙良好人際關係的建立。

總之，個性偏執是影響、阻礙建立良好人際關係的主要因素。在組織管理中，應當注意普及心理衛生知識、創造條件維護組織成員的心理健康，防止個性偏執和負面影響、破壞人際關係。

許多人自我無法與人共處，但走入職場人際關係成為工作績效高低的關鍵因素

心 靈 小 站

就該借力使力

　　「紅杉」是世界上僅存最雄偉的植物之一，不僅它的高度高達90公尺（如30層樓高），同時，科學家針對紅杉作進一步探討發現一個事實，就是一般來說高大的植物，其根理應紮得越深，但是紅杉的根卻僅淺淺的浮在地面上，這讓科學家百思不解，照理說根若紮得不夠深，遇到強風一定會連根拔起，而紅杉又如何能長得如此高大，並且屹立不搖呢？科學家進一步發現在一大片紅杉森林中，並未發現單獨壯立的紅杉，幾乎整片紅杉林彼此的根皆緊密相連在一起，一株連著一株，連成一大片紅杉林，即使颶風來襲也無法吹倒紅杉林，除非颶風強到足以將整片地皮抓起，不然的話紅杉林依然安穩的聳立著，由於紅杉的淺根浮於地表，不僅能快速且大量吸收水分，同時它也不需像其他植物向下紮根，相反的是紮根的能量往上成長。

　　從植物身上，是否給你們一些智慧的啟發，透過紅杉的學習我們提醒自己一件事，就是「廣泛」與「吸收」正如紅杉懂得相互依靠，互相吸收各自的資源，正如你我在茁壯的過程中，是單靠自己打拚，還是廣泛的伸出觸角？借力使力透過大量的資訊網路，去相互學習彼此的經驗與智慧，自己學習的根無限延伸，學習管理與組織共享，我們都應該具備紅杉精神，倘若你尚未茁壯，不妨放下成長開放自己，靠近積極的團隊，學習團隊成功的態度，自然而然你不僅不會面臨「高處不勝寒」的心境而是共同成長的喜悅與榮耀，想一想，自己能像紅杉放下自我走入組織嗎？透過紅杉，你還發現什麼植物的心靈啟發？

※心靈筆記※

_____

_____

_____

_____

_____

_____

_____

現|場|直|擊

當有人睡在公司時！

　　A先生是一家網路公司的程式工程師，由於他的敬業態度，經常把辦公室變成家，一個月中沒有幾天正常回家，公司許多員工皆對他的言行產生極端的看法，有一些員工讚揚他的努力將公司當做自己的事業來打拚，未來鐵定是公司的重要幹部！但另一派員工卻冷漠的表示，有必要強出頭嗎？有哪種工作需要熬夜加班？這一天，A先生恰巧經過人力資源部門口，無意間聽到調職的消息，原來公司有意將他調至業務部，有意培養他成為科技推展人才，但A先生遲疑一下，心想每晚的辛苦終究白費，原本希望自己能升上資深工程師一職，但公司卻未發掘自己的專才，更有一派流言攻擊自己的作為，此刻A先生內心充滿矛盾，他思考著如何將科技推展人員變成資深工程師，又該如何說服主管，同時，A先生心想總不能要求主管硬將自己安排在心裡所想的職務上，更重要的是辦公室有一部分員工又在觀察，A先生的直屬主管鄭經理，在今天下午請A先生到辦公室會談，第一句便說：「升官，可要有所表示囉！」當下A先生不知說什麼？該歡喜接受呢？抑或勇敢拒絕，表明自己的想法？對於A先生的處境你的看法如何？假如你是A先生的主管，當A先生拒絕接受公司的安排，你又將如何領導他？另一方面，面對兩種極端的員工批評你，又該如何表態你的立場？到底留在公司過夜是否合適，有哪些可能面對的情況？即使最後A先生依舊留在原職位上，他的心理會有哪些變化，你又該如何激勵他呢？

第四節 人際關係的經營

一、敏感訓練

在工作群體中，由於任務的壓力、人事糾葛和隨時急待解決的問題，管理者容易只把眼睛盯在工作和經濟效益上，而對群體關係的感受日漸漠然遲鈍，甚至不知道自己的所作所為會對員工的感情造成傷害。簡單粗暴，誤解人意，缺乏自知之明，說到底就是對人際關係缺乏敏感。而敏感性訓練的目的就是使受訓者更好地洞察自我和理解別人，並知道自己對他人的影響，更好地理解和把握人際交互作用的過程。

敏感性訓練通常是在實驗室或遠離工作場所的地方進行。受訓者一般為12人左右，由一名心理學家及一名助手指導實施，受訓時間為1~4週不等。

這種訓練採取非指導性、未經組織的群體自由討論的方式，沒有特別的任務，也沒有一定的議程，不涉及工作問題與觀念問題。訓練剛開始的幾個小時內，往往很難找到大家一致同意的議題。而且成員彼此都不太注意別人說話。由此，受訓者感到無所適從，焦慮煩躁，並體會到成員對群體的關心遠不如對自己本身的關心。這種體會將使受訓者明白，為什麼公司委員會在討論問題時，很難達成一致結論，或為什麼有些人喜歡在討論會上離題談論私事。

此外，受訓者從情緒混亂狀態中逐漸反省到自己的真實面目，知道自己在平時是怎樣表達情緒的；同時看著別人跟自己一樣，也陷入孤獨、不滿和痛苦的狀態，於是逐漸能夠體會別人的感情。

下面是一個具體的訓練程式表，僅供參考：

第一次聚會－自我介紹後可以談一些娛樂計畫之類的問題。但指導者宣布第二次聚會之後不得談論與現場無關的問題，也不能推選出特定的負責人。

第二次聚會－禁止談論有關工作與觀念的問題，要大家只考慮現在發生在身邊的事情。

第三至七次聚會－陷入不安、焦躁、不快的情緒狀態，開始了解自我與別人的感情。

第八次聚會－討論那些保持客觀冷靜態度的成員問題。

第九次聚會－討論那些沉默寡言的成員的問題。

第十次聚會－討論那些發言過多的成員的問題。

第十一次聚會－讓大家說出各個成員的待人態度。

第十二次聚會－讓大家表白自己的心理創傷。

第十三次聚會－讓大家寫遺書。

第十四次聚會－讓大家以不加入價值判斷的方法表達意見。

第十五次聚會－讓大家區別「我認為」與「事實」的差異。

第十六次聚會－談論團結問題。

第十七次聚會－談論公司和工作現場的問題。

美國國家實驗室把敏感性訓練所要逐步實現的目標歸納如表8.1。

▶ 表8.1　敏感性訓練的目標

步驟	自我	人際與群體關係	組織
1	逐漸了解自己的感情和動機	建立有意義的人際關係	了解組織的複雜性
2	正確觀察自己的行為對別人的影響	在群體中尋找一個滿意的位置	發展和發明新的組織方法和程式
3	正確理解別人行為對自己的影響	了解群體行為的動態複雜性	幫助診斷和解決組織內各單位之間的問題
4	聽取別人意見並接受有益的批評	發展診斷技能以了解群體過程與問題	作為一個成員與一個領導者而工作
5	適當地與別人相互作用	獲得解決群眾任務與群體生活問題的技能	

二、角色扮演法

組織中常見的另一問題是協調困難。由於社會分工不同、職能不同，各人扮演的社會角色不一樣，遇事就難以設身處地為別人著想，總是容易強調自己的重要性。這樣的角色固著作用勢必引起許多不必要的誤會和衝突，難以維持和諧的人際關係。組

織又不可能隨時讓成員輪換工作，改變角色體驗。長此下去，不僅人際關係中缺乏相互理解和體諒，也容易使個人覺得單調乏味，對本職工作喪失興趣和熱情。角色扮演就是讓群體成員互換角色、或扮演新的社會角色；通過擴展成員的認識和體驗，增強他們對人際關係或工作關係的適應性，從而改善群體中的人際關係。

角色扮演有好幾種具體方式。介紹如下：

1. 心理劇

這種訓練方式為雅柯伯‧莫雷諾(Jacob Moreno,1946)所創。他借用了戲劇表演形式，讓受訓者假想自己正處在另一個人的位置上，如讓一個護士進入某個醫生的角色。由自己描繪自己的感受和將要怎樣運行。還可以讓另一個人與他互換角色，分別描繪自己和對方在某個特殊環境中的感受和作何種反應。也可以由群體中的另一成員扮演受訓者，而他本人則保持旁觀。

2. 固定角色

此法為喬治‧凱利(George Kelly,1955)所創。使用這種方法時，指導者要求受訓者以第三人稱的形式對自己進行描繪，用筆寫下自己對同事、上司、下屬或親友的態度以及自己在他們心目中的形象。指導者為他準備了另一種適應良好的角色描繪，用其中至少一種以上的個性特徵與受訓者的自我描繪加以替換。告訴受訓者，他原來的角色「外出度假去了」，在這一段假設的「度假」時間內，受訓者要盡可能進入新的替換角色，按新角色行事並力圖忘記原有角色。經過一兩週角色替換的訓練，受訓者待人處事的行為多少發生一些變化。阿德勒和麥曾包姆(Adler,Meichen-boum)經常要求受訓者在一週內像一個「仿佛」不同的角色或生活風格去行動，對於改善受訓者的人際關係也很奏效。

3. 對話遊戲

佩爾斯(F. Penls,1951)要求受訓者同時扮演兩個角色並進行與雙方角色之間的對話。比如，角色的一方可能是上司，凶暴的男性，無賴漢。而另一方可能是消極抗命的下屬，軟弱的可欺者，一條硬漢子或一位女性。這樣的訓練可使人更深刻地理解人際衝突的原因和過程。

三、企業遊戲

　　企業內部的群體與群體之間，個人與個人之間很容易產生「得失」之爭。在生產資源或利益的分配與再分配時，這種得失心理使每人感到他們的利益是互相排斥的，由此產生一種此勝彼敗，勢在必得的「獲勝」願望。得失心理還表現在領導階層內部為權力的影響力明爭暗鬥以確保個人的尊嚴、地位、威信、不受損失的態度去處理問題。另外猜疑也是得失心理的一種表現。為了避免或減少得失衝突，企業遊戲可以幫助管理者理解產生「得失」的原因。

　　企業遊戲可以在企業內安排進行，成員為10~12人，他們一般是企業各分部的負責人或不同群體中的領導人物。可以由高階層領導者或心理學家作指導，時間一兩天均可。

　　企業遊戲基本上是摸擬某項需要合作的企業活動。比如：召集10位部門經理，要他們分小組為總公司分別提供一套長遠發展規劃。這10個人可分為3組，其中一個組有8人，另外兩人分別成為兩組。三組人員分開行動，最後把三個組的方案和決策綜合起來評論。此時，必然會發生意見衝突，最終也必然是少數人（另外兩人）的方案被否決。整個過程可以作定量記錄，向參與人說明：另外兩個離開群體，缺乏溝通，即使提出了很好的方案，也難獲得大多數成員的承認。而每一組不管自己提出的方案質量如何，總想力爭自己的成果不被否定，於是，多數人的一組會對少數人提出方案的優點置之不理。在各執一端的情況下，群體人際關係受到損害，以後的協調難度更大。受訓者經過辯識得失發生的過程，在實際工作中就會有所提防。企業遊戲有助於發展整體意識，革除與全局觀念相佐的氣氛，讓成員為達成共同目標經常保持良好的人際關係。

這一幅畫面，讓你聯想到什麼

職｜場｜話｜題

刪除訓練費用會有的問題

　　一個企業應不應該刪除訓練費用呢？在公司遇到困難時，這或許是不得已的手段，不過當公司營運正常時應該立即恢復正常的訓練。而把訓練費用刪除會有什麼樣的問題產生呢？

1. **需要用人卻找不到人：**企業主在需要人來幫他解決問題時，常常在抱怨：為何要用人時，都沒有一個人可以用呢？想從外面找人，卻又遠水救不了近火。就在這個循環中自怨自艾，結果找不到適合的人，連帶也使公司的成長受到限制。

2. **公司前景堪慮：**公司要成長一定要靠人，空降部隊的風險極高，有時會造成公司內部派系林立，導致內部不安定，若處理不好更造成高階主管不合等問題，加上公司擴張時沒有人才，會使得公司向外擴展的風險更高，失敗機會也更高。

3. **好的人才會自動流失：**當公司沒有培養人才的計畫，也沒有做訓練時，比較有想法的員工，就會開始自尋生路，因為有想法的員工，對自己的未來會有較多的想法，相對的這些人的表現往往也會比較好。

資料來源：鄭絢彰，管理雜誌第 420 期，P58~P59

溝通

學習目標

- 溝通的涵義、構成要素以及基本類型。
- 溝通中的角色。
- 溝通的障礙以及克服障礙的技巧。
- 口頭溝通與會議測驗分析。

名人語錄

過去的經驗告誡我們，過多的幻想和期待，是錯誤投資的開始。

（宏碁集團董事長施振榮，摘錄自 93.5.1 工商時報）
資料來源：突破雜誌第 227 期 P106

第一節 前言

群體通過其成員之間的相互溝通而存在。溝通是保持群體凝聚力和組織完整的黏合劑，如果群體內部的各個成員無法相互溝通並與外界溝通，那麼，這個群體便不能生存。

你會溝通嗎？溝通不一定要有形的文字，有時候無形的肢體語言、眼神感受，反倒對溝通創造良好的循環

第二節 溝通的意義與類型

一、溝通的含義

溝通可以稱之為聯絡、通訊和交流，是指有效地交換資訊或思想的過程。當人們能夠相互了解時，就存在著溝通，否則便會產生麻煩，比如誤解和衝突，所以，溝通應當是正確適當的資訊交流，溝通既是人與人之間傳遞資訊的簡單過程，又是改變自己或對方的態度和行為的過程，管理者不僅要向他們的主管、同事和部屬傳達某個資訊，陳述某一事實，更重要的是，他還經常通過書面的或口頭的溝通，以便說服對方來行使自己的職能。因此，說服性溝通是管理心理學中的一個重要研究課題。

由於科學技術的發展和現代媒介的介入，溝通已經成為多學科研究的對象，溝通可以是通訊工具之間的交流，如電報、電話和廣播電視等，這些屬於科技的研究範圍；溝通也可以是人與機器之間的資訊交流，如人與電腦的對話、程式輸入與機器語言的轉譯，這些問題屬於工程心理學和電腦科學的研究範圍。管理心理學側重研究群體內部成員之間的交流和群體與群體之間的資訊交流。這方面的問題包括溝通的構成，溝通類別和溝通模式，溝通技巧，溝通角色以及對溝通的測驗。二十世紀70年代

以來，溝通研究的實用價值已日漸突出，成為管理者處理實際問題－譬如怎樣提高會議效率之類問題的必備知識。

二、溝通的構成

　　無論是哪一種溝通過程，都要涉及幾個基本因素，即發訊者（溝通源）、編碼、管道、受訊者、解碼、溝通的效應和回饋。這就是說，資訊傳送者（發訊者）首先要產生與別人（受訊者）交流的意願和想法，他必須以某種符號形式把自己的想法條理化（編碼），再通過適當的管道（通道）傳遞給別人，別人應該理解他的想法（解碼）並對之作出反應（溝通的效應），這種反應還要以某種方式返回發訊者（溝通的回饋），至此，整個溝通過程才算結束。

　　因此，發訊者（溝通源）指占據了某些資訊，具有某種思想感情或作出了某個決定又要向別人傳達，以求說服別人的人；編碼指他把思想和意義以符號形式組織整理出來的過程，如公文，一個讚賞或厭惡的表情，一套說明資料或一張表示出勤率的圖表；管道也許是一個傳話的中間人，一套複雜的電子設備、通訊儀器或只是把聲音傳達給聽眾的空氣；受訊者指預定的資訊接受者；解碼即受訊者理解資訊的過程；溝通效應指溝通資訊對受訊者造成的影響或引起的行為後果。當編碼後的思想與受訊者解碼後的思想一致時，溝通就發生了。而受訊者向發訊者表白他對資訊理解和反應的過程，則稱之為回饋。比如，工人向經理表示他對剛宣布的獎金方案極為不滿，這個表白對經理來說就是獎金方案的資訊回饋。

三、溝通的類型和溝通模式

　　管理者不僅要掌握和運用各種溝通要素來達到溝通目的，他還應該了解群體內部的人際溝通類型和溝通模式。

（一）溝通的類型

　　資訊溝通的類型很多，管理者應根據實際情況加以選擇。

1. 正式溝通與非正式溝通

　　從組織系統看，溝通方式可分為正式溝通與非正式溝通。正式溝通是按照組織明文規定的通道進行的資訊傳遞和交流，例如文件傳達，定期或不定期會議，以為工作

彙報等等，都屬於正式溝通。非正式溝通指員工在正式溝通通道之外的資訊交流和傳遞，如私下交換意見，交流思想感情，傳播小道消息等。非正式溝通的特點是交流方便、迅速，多為直接溝通，常常反映員工的一些真實思想和動機，可以傳遞正式溝通管道不便傳遞的資訊。但它的弱點是傳播資訊容易失真、畸變，甚至以訛傳訛。

2. 單向溝通與雙向溝通

從發訊者與受訊者的地位是否改變的角度看，單向溝通指發訊者只是簡單地傳達資訊，不與受訊者對話或商量。廣播消息、作報告、作演講、發指示、下命令和傳達文件等屬於單向溝通。它適合於受訊者對主題不熟悉，或不太可能遇到反面意見的情境。它的優點是省時、方便，不受受訊者的質疑和挑戰，弱點是沒有回饋，容易引起不滿和抗拒。雙向溝通即「核對意見」，發訊者、受訊者的地位不斷變換。交談、協商、對話、採訪等都是雙向溝通。它適合於對主題很熟悉，或持反對意見，或聽到過反對意見的受訊者。在這些情況下，溝通者有必要提出有利論點和不利論點，使受訊者相信你的權威性，對反面意見產生「免疫力」，增強他們的信心，雙向溝通可以當即獲得回饋，聯絡和鞏固雙方的感情，提高資訊理解的準確性；弱點是溝通速度較慢，反對意見可能會給發訊者造成心理壓力。

3. 上行溝通、下行溝通和平行溝通

上行溝通指組織等級中由下至上的單向溝通，如工作彙報，反映意見和提出建議。這種溝通有利於下級向上級表達思想、意願，獲得心理滿足，也有利於上級了解、掌握下級情況，制定正確的決策。

下行溝通指組織等級中由上至下的單向溝通，如下達指令，傳達文件等。這種溝通有利於下級明確工作任務，工作目標，增強責任感，協調組織層次之間的活動，增強各級層次聯繫，保證組織活動的有效性和準確性。

平行溝通是指組織內部平行機構之間的資訊交流。它多是以雙向溝通的方式出現，以協調同級職能部門的關係。

4. 口頭溝通和書面溝通

這兩種溝通形式以媒介區別開來。口頭溝通以口語為媒介，多為直接的、面對面的資訊交流，如演講、會議、講座、電話聯繫；而書面溝通以書面文字為媒介，如通

知、文件、書信、備忘錄等。一般說來，口頭與書面混合的溝通方式效果最佳，口頭溝通的效果次之，書面溝通效果最差。

（二）溝通模式

溝通模式又稱溝通結構或溝通網，它是指資訊在群體中的交流形式。溝通模式多種多樣，可以從眾多的研究中概括出幾種常見的模式。在每種溝通模式中，都可能出現一個資訊占有量最大的中心人物。同時，不同的溝通模式也能反映出組織內部集權和分權的兩種溝通特徵。如圖9.1所示。

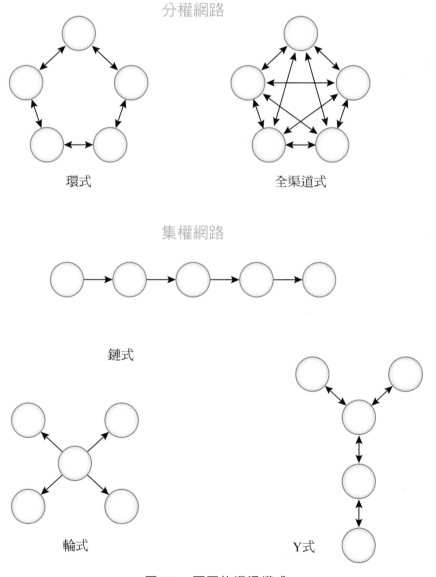

圖9.1　不同的溝通模式

　　環式溝通模式較為分權化，它適合於非常規的創造性工作。在環式溝通中沒有權威人士，每個人至少有兩個直接的資訊傳遞和兩個資訊源。它的優點是能鼓勵大膽的、激進的想法；弱點是成員缺乏廣泛的、全面的直接接觸，溝通速度較慢，不易協調工作。

　　（圖中圓圈表示資訊傳遞者，箭頭表示傳遞方向，圓圈中有點者表示資訊占有量最大的中心人物，其中環式和全渠道式的中心人物是由被人們認為是領導者的次數所決定的。與信息量的擁有多少並無一定關係）[1]

　　全渠道式溝通模式代表著民主化程度最高，溝通管道最流暢的分權化群體。在這個模式中，每個成員都相互溝通，直接進行資訊交流，每個人都擁有小群體中的最大的訊息量，它適合於戰略決策單位，資訊庫或思想庫群體以及採購和推銷單位。

　　輪式溝通模式存在於集權化群體中。它有一個中心協調者，他占有的信息量最大，每人都與他溝通而不再與他人相互交流。處於這個節點上的權威人士發揮的協調作用越大，群體的工作績效就越高。優點：溝通速度較快，適宜於日常性質的工作任務。弱點：由於沒有橫向溝通，在這種模式中，其他溝通者滿意度低。

　　鏈式結構代表一種五級層次逐級傳遞資訊的網路，只能上下級之間溝通，不能越級溝通。傳統的直線職權組織系統就屬於這種溝通。其優點是傳遞資訊速度快，當各級職能發揮正常時，能對資訊提供各自的專業性貢獻。但在不正常時，常因層層「篩選」資訊，而導致資訊扭曲，使上情不能下達或下情不能上達。由於不能越級相互溝通，在這種方式的溝通中，成員滿意度很低。

　　「丫」形溝通兼有輪式和鏈式溝通的優點和缺點，即溝通速度快，但成員滿意度低，是一種集權網路。

　　小群體溝通模式的用途很有限，實際上組織結構很少依據上述模式設計，尤其是因為溝通模式常隨時間和事件而變動。溝通模式的研究忽略了許多組織環境因素，例如領導在溝通中所起的重要作用。

1　[美]D·O·西爾斯：《社會心理學》，第13章。

現｜場｜直｜擊

上班時間「公器私用」

　　常常在企業中會發現一些蛛絲馬跡，例如員工私自影印個人資料，或者用電腦上網查詢私事（如旅遊資訊，104登錄等）或者用公司的傳真機傳真私人文件，也有可能你的公司有一些高科技的設備，讓員工忍不住公器私用。上午，小董正準備外出拜訪客戶時，突然接獲應徵回覆，但心想還有一點時間，我可得回辦公室一下，正好利用公司的電腦，回應徵mail，沒想到當他key好信件時，突然主管要他外出處理客戶急件，小董一聽連忙出門，此時，主管自然的坐在小董的位子前，無意間看到電腦畫面出現了競爭者公司的網址，心想小董到底在做什麼？但本著尊重員工的心態，這件事也就過去了，但主管從此事件後，很小心的觀察小董，常見小董在打電腦，使用印表機，心想又沒要求他提計畫，況且公司有業助協助客戶訂單等事務，根本無須用到印表機，更令人想懷疑的是，每次一旦靠近小董，他講話的聲音就會變小聲，更令人訝異的是，小董申請文具的次數很頻繁，面對如此的員工，你如何看待？又將如何改善他的習慣呢？假設直接告訴他，又會有何種影響呢？想一想公司有哪些公器私用的例子，而你的主管又是如何處理，抑或不予理會？

職 場 話 題

企業與大自然和諧相處

福特六和，美麗寶島的綠色工廠

福特汽車於1903年由亨利‧福特(Henry Ford)創立，這一百多年來，福特汽車始秉持著創建人亨利‧福特與大自然共榮共存的理念經營，在他78歲的慶生會上，亨利‧福特更以一襲「黃豆衣」出席宴會，宣示福特汽車與大自然互依互存的精神。

一百年的綠色奇蹟

現任董事長暨執行長比爾福特(William Clay Ford. Jr.)認為，一個好的公司，必須創造出優異的產品與服務；而一個偉大的公司，除了創造出優異的產品與服務外，還致力於讓世界變成一個更美好的地方；此番話，更是點明福特汽車與大自然和諧共處的綠色經營理念。

綠色生產線

福特在產品開發過程之初即考量製造、使用與處置階段的環境親和力，因此在原物料的使用上，除了尋求低汙染原料外，更積極避免不相容原料之複合使用。

在物料包裝上，福特也很講究，所有的包裝設計，主以考量易拆解、材料單一化為主，並清楚標示材料回收性質；同時要求供應商，以可數次重覆利用、可折疊、可回收的材料包裝物料，並於廠房外搭設鐵質料架，提供廠商送貨、取貨。除此之外，福特汽車更要求所有協力廠商，需通過ISO14001認證；經銷商必須全面做到資源回收。

在產品製程方面，以減少廢棄物產生，且可再利用為主要原則，例如，改善車子塗料配方，以及製程的參數，除了可節省塗料用量外，還可降低廢氣排放量，進而省下上億元的地底廢氣排放管線架設。

綠色的教育訓練

「拔河」一直都是福特訓練員工團結合作、提升員工專注力的重要課程之一，每年福特都會舉辦拔河比賽，以激勵員工士氣，同時讓員工親近大自然，體驗大自然的生命與活力。

福特汽車每天早上，從總經理到工廠工人，每個人都要一起「做早操」，副總經理林棟樑說，天天做體操，是訓練組織成員遵守紀律最好的方法；此外，福特汽車每年都會有兩天給薪制的社區服務活動，主管會帶著組員到各個社區、育幼院、醫院，協助打掃、美化環境，教育員工學習關懷與回饋。

棲息一百多種鳥的綠色城堡

近幾年落成的「產品設計開發中心」，是福特汽車裡的一座綠色城堡，此棟建築的完工，更體現了亨利・福特堅持一百年的綠色企業文化。建築物層頂架設好幾個風力發電風車，它們主要提供該中心的走道、樓梯之照明能源；而頂樓的太陽能熱水器，則提供該中心熱水的使用，並同時負責大樓內恆溫恆濕空調維持的能源。

福持汽車的綠色精神已持續一百多年，至今全球的福特六和依然遵循老亨利・福特「取之於斯，愛護於斯」的經營理念，重視企業與大自然間的公平性、永續性及共通性原則。

資料來源：遲嫻儒，管理雜誌，第 358 期，P90~94

第三節　溝通角色和溝通障礙

一、溝通角色

　　無論組織群體內有多少人，其溝通角色大致可分為四種。溝通角色指的是擔任特定溝通功能的人。但是，傳統的組織群體卻往往並沒有明確指派適當的人選去執行這些溝通功能。在組織群體中正式或非正式地擔任這些功能的溝通角色分別為把關人、媒介者、意見領袖和世界人。

1. 把關人

　　把關人指組織溝通網路中負責資訊收受、過濾和發放的人。他往往控制著溝通是否能達到特定的受訊者。祕書就是這樣一種角色。例如，他可以把各種信函、報告全部轉給總經理，也可以扣下某些資訊或直接轉發給職能部門與當事者。他還可以決定讓哪些資料流入公司的決策者手中，或者把有關資訊透露給公司之外的利害相關者。所以，把關人必須經過精心挑選。把關人的正面作用是讓主管者避免資訊過量而造成無效工作。然而，把關人也難免有偏見和錯誤，如保守的財務主管，可能會把他認為風險極大的投資機會的資訊扣留下來，不讓上級知道，結果錯過一次有利的投資機會。為了避免這些情況發生，管理者應不定期地要求把關人向他呈報一週之內所接到全部資訊，並要查看所有要求接見的人的紀錄本。

　　把關人必須具備三個條件：第一、他能夠了解管理者不斷變化的對資訊的需求；第二、他能夠察覺什麼是重要的資訊，什麼是無用的、不需要的資訊，而且能把資訊保存到真正需要它的時候；第三、他能鑒別資訊的性質，確定哪些屬於生產部門所需，哪些屬於人事部門所需，而哪些又必須呈報決策者。一個生產部門的把關人應能查訪各種技術文獻，然後作出鑒別，把最可靠、最相關的資訊整理就緒而不致遺漏。

2. 媒介者

　　組織由正式群體和非正式群體組成。為了維持這些群體在大組織中的活力，小群體之間必須要有良好的溝通關係，媒介者就是在兩個或兩個以上的非自己所屬的小群體之間產生溝通作用的人。比如，人事主管就是公司內的媒介者，他知道公司內哪個部門人多了一些，哪個部門正好又缺人。通過人事主管接洽溝通，冗員部門與欠缺人

員的部門就可以直接接觸了。高層次主管也同人事主管一樣，可以作為正式媒介者溝通群體或部門之間的關係，非正式媒介者往往產生於小群體之間不便或不宜直接接觸的時候，所謂「中間人」、「代理人」就屬於這種角色，由他們來傳達不便面對面說出的話。

對於組織而言，媒介者的重要作用產生了兩個原則：其一，在需要三個以上部門接觸的地方，有必要建立一個正式的媒介者，以保證它們有效的溝通與合作；其二，管理者必須設法同非正式媒介者接觸，以便盡早知道小群體之間發生的一些非正式內幕消息。

媒介者必須具備三種品質：第一要能毫不歪曲地傳送資訊；第二要能隨機應變，知道什麼時候該成為媒介者，什麼時候不該傳送資訊。或者說，他懂得怎樣選出資訊加以傳遞才不造成矛盾；第三是能夠與組織中的各部門頻繁接觸，有效地利用時間。他需要到處走動，電話聯絡，與人交流以獲取準確的資訊。

3. 意見領袖

在群體中沒有正式職務身分，但對成員的思想和行為具有影響力的人稱之為意見領袖。在任何組織中都有這樣的人存在。意見領袖可能很主動，不等別人詢問便發表意見；也可能是被動地，當有人請他出主意時，他才發表自己的意見。不管是哪種情況，他們的意見都會對群體輿論產生很大影響，可以左右群體成員的行動，甚至以非正式方式影響著組織決策。比如，管理者有時會因為自己信賴的人偶然對某事發表的評論而改變自己對這件事的決策。意見領袖對民主選舉、群體決策、決策的實施方面也具有很大的影響，管理者應當設法了解在各種情況下的意見領袖是誰，與他事前接觸，取得一致和支援，把意見領袖影響力納入自己的影響力控制範圍。譬如，同樣一句話由主管人說出影響不大或可能導致不滿和牴觸，但由意見領袖私下向當事人說出，就容易被接受。因此，管理者可以直接影響群體成員，也可能通過意見領袖間接地影響群體成員。

4. 世界人

世界人指一個組織或群體中有這樣一些成員，他們與組織內的其他群體保持頻繁的接觸（組織內世界人）或與組織外的其他組織和個人有頻繁的接觸（組織外世界人）。（見圖9.2所示）

世界人把自己所屬的群體與其他群體聯結起來。他們與媒介者的區別在於：媒介者聯繫兩個不是自己所屬的群體；而世界人則把自己所屬的群體與其他群體聯結起來。當然，世界人也可以扮演媒介者、把關人和意見領袖等角色。

組織外世界人多半集中在組織的上層和底層。在上層的是經理或高級主管，他們廣泛地外出參加各種會議。而近於底層的是銷售和採購人員，他們與形形色色的消費者和原材料供應者接觸組織外世界人是對外環境變化的一個重要資訊來源，同時他們也將自己組織中的資訊傳達給外面環境；他們還是在外界人士中塑造自己組織形象的重要工具。

組織內世界人能夠幫助自己所屬的群體與組織內其他群體保持聯繫，了解到有利害相關的事件並向自己群體的其他成員說明這些事件。他們還把群體內發生的事告訴其他群體中的成員。他們的活動可能發生在正式的工作聯繫時，也可能發生在午餐和休息室等非正式場合。

世界人的活動對組織來說是必要的。有些公司派專人參加社交俱樂部，讓員工參加交際性會議或專業會議；還有一種方式是把飯廳、休息室、咖啡館設置在各個部門人員都能方便使用的地點，便於組織內成員的社交接觸。

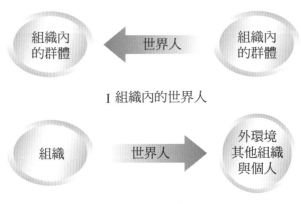

圖9.2　世界人的作用

二、溝通的障礙

人們時常抱怨說，自己說話的內容被別人誤解了，別人所理解的並非他的原意。造成誤解的因素就是溝通的障礙，造成溝通障礙的因素主要有以下幾種：

1. 在接受資訊時，受訊者的注意力不集中。

2. 語言上的隔閡和語義理解上的差異。比如管理人員經常使用專業語言，而工人又經常使用俚語俗語；一字多意或一詞多意也會造成誤解。

3. 由於社會地位不同，對話者雙方可能存在偏見，對同一事物也會產生不同的看法。

4. 資訊經過多層次的間接傳遞之後，使原資訊失真或「變形」。

5. 人們在強烈的情緒狀態中，難以冷靜地理解對方的意見。

　　管理者如果要說服組織中的某個或多個成員，以改變他們的態度和行為，就必須克服這些障礙。

認識別人的價值

　　提到籃球大家肯定會想到「公牛隊」可以說是戰蹟輝煌、所向無敵，其中有一位名人「喬丹」是家喻戶曉的知名人物，但在激烈的球賽中，有時喬丹個人的能力常使競爭者壓力頗大，因此，幾乎面對公牛隊的時刻，競爭者會研究一套戰術來應付喬丹，而重點就在於使麥可‧喬丹個人得分超過40％，乍聽下這似乎有些詭異，但這些研究者卻聲稱，當麥可‧喬丹表現正常公牛隊勝算也高，但是當麥可‧喬丹表現突出，反而意味著其他團員作用下降，因此，公牛隊的成功有賴於麥可‧喬丹，更有賴於喬丹與其他團員的協力合作，組織是由每一個個人所集合而成，無論你是使用哪種方式與人產生關聯，畢竟都是相互依存，因此，認識並且進一步肯定別人的價值是十分重要的觀念。

※心靈筆記※

_____

_____

_____

_____

_____

職 場 話 題

向大自然學管理：蜜蜂花粉策略論

　　美國有一位農夫屢屢在南瓜品種大賽得到首獎，而後總是毫不吝惜地在街坊鄰居之間分送得獎的種子。有人很訝異地問他：「看你投入大量的時間、精力來做品種改良，為什麼還這麼慷慨地發送種子呢？難道你不怕其他人的南瓜品種超越你的嗎？」農夫回答說：「此舉其實也是幫助我自己！」

　　原來，農村裡家家戶戶的田地都比鄰相連，一旦所有人都改良品種後，可以避免蜜蜂在傳遞花粉的過程中，將鄰近較差的品種回頭「汙染」自己的產物，這位農夫才能夠專心致力於品種的改良。相反地，若農夫將得獎的種子藏私，則鄰居們在南瓜品種的改良方面勢必無法跟上，蜜蜂就容易將那些較差的品種汙染給他，他反而必須在防範外來花粉方面大費周章。

　　就某方面來看，這位農夫和他的鄰居是處於互相競爭的情勢，然而在另一方面，雙方卻又處於微妙的合作狀態。在當今弔詭的年代裡，如此既競爭又合作的關係日益明顯，商場上屢屢可見的策略聯盟，即是如此心態下的產物。

資料來源：劉典嚴，管理雜誌，第 359 期，P55。

第四節　溝通的技巧

一、說服的步驟與相關因素

在許多情況下，溝通的目的是說服他人，以獲得影響力或保持權力，管理者普遍感興趣的問題是如何說服他人，這就涉及到溝通的技巧。

說服過程包括六個步驟：1.以一種適當的方式表達資訊，例如書面語言、文件、口頭勸說等。2.引起受訊者對溝通資訊的注意。即如何和採取哪種方式吸引對方，使自己的資訊受到重視。3.確保受訊者正確理解資訊。可用反問或請對方復述資訊等方法來考察對方是否正確理解資訊。4.爭取受訊者接受你的意見。5.確保受訊者留存和持續你對他的影響。說服者應考慮接受的效果是否會持續下去並產生預期的行為變化等問題。6.鞏固你所期望的受訊者的行為，這是你成功說服的最後一關。

這六個步驟可以與溝通的基本因素結合起來考慮，如圖9.3所示。

溝通因素				
來源	**資訊**	**通道**	**受訊者**	**溝通效應**
	1			
		2		
			3	
4				
				5

說明性溝通步驟
表　達
注　意
理　解
接　受
記　取

圖9.3　說服性溝通的步驟和基本因素

圖中每個方格代表著設計說服性溝通的管理者對每一溝通步驟的基本思考。例如，圖中方格1問：「表達什麼？或組織一套資訊的最好方法是什麼？」方格2問：「為了確保員工的注意，我該使用哪種溝通管道呢？」方格3表示：「預定的受訊者能夠理解我的資訊嗎？」方格4則問：「人們最相信什麼樣的資訊來源？從而使員工接

受我推行的改革？」方格5與6表示：「接受的效果會持續下去並產生預期的行為變化嗎？」在圖中的每一個方格，都可以提出類似的問題。這些問題有助於管理者設計出一個良好的溝通方案。

利用本圖可以引申出許多值得溝通者考慮的因素。儘管在實際運用中也會碰到一些例外，但許多研究人員和管理者都認為這些因素對有效溝通是很重要的。下面擇要介紹：

1. 資訊來源的權威性對接受性的影響

人們剛聽到某個消息時，該消息來源的權威性越高，人們越是容易接受。但隨著時間的增長，高權威資訊導致接受性減少，而低權威來源造成人們的接受性則會增加。因此，到底選擇高權威還是低權威的資訊來源，取決於你打算讓員工馬上接受資訊還是慢慢接受資訊。例如，人們很容易接受某位知名專家對形勢發展的預測。但過一段時間之後，他們更相信自己周圍的普通人對形勢的看法。

2. 受訊者個性特點對資訊記取和溝通效應的影響

當員工有高度的自尊心，並且有能力應付威脅性環境時，威脅性的溝通資訊容易被他們記取並產生預期的行為變化。然而，假如員工感到自己十分脆弱，無力應付威脅性環境時，那麼威脅性的資訊就不易被員工所記取。例如，對於安全手冊上描述的意外事故，如果你覺得能夠在自己的工作崗位上避免這種意外，並可以對這種意外採取明確的措施，那麼你就更容易記住這些令人不愉快的描述。你的自尊心越強，對自己的能力越自信，你也越可能相信安全措施會發生效果。反之，如果你不知道如何避免意外，無法對工作負起責任，你對領導者的勸戒就可能當成耳邊風。

3. 溝通管道對受訊者注意和理解的影響

用來溝通同一資訊的正式通道和非正式通道越多，受訊者對資訊的注意力和理解力越高。例如，一份書面資訊能幫助你了解某項技術有哪些優點，而推銷員對這項技術的宣傳，熟人朋友對這項技術的介紹，可能幫助你理解該技術是什麼，或為什麼有用。一般說來，不同的溝通管道各有其作用與優點，你的溝通管道越多，溝通效果就會越好。

4. 資訊傳遞者對資訊傳遞速度和廣度的影響

假如你想讓更多的人以最快速度接到你所表達的資訊，就應當選擇在組織正式接觸點上的人和非正式交往最多的人來傳遞你的資訊。一位採購員與財務、生產、供應和銷售部門的交往比這些部門之間的交往更頻繁，如果你要散布關於公司行動的某個消息，這位採購員就是最好的人選。那些人際交往頻繁又喜歡說長道短的人，也是很合適的資訊散布人。

5. 受訊者公開承諾對溝通效應的影響

溝通的目的往往是說服別人改變他們的行為，為了使合意的行為鞏固保持下去，管理者最好讓員工們公開承擔諾言，當眾表示自己將長期這樣幹下去。比如，當員工們被你說服，公開表示他們願意承擔並完成某工作時，如果他言行不一，就會問心有愧，在群體中失去信譽，因為許多人都知道了他的承諾。

二、編碼要領

編碼指溝通者在書面語言或口頭語言中安排論點和論據的順序。管理者經常面臨的問題是，在溝通的時候，該不該提出下列證據？他們最強調的論點該在最前面、最後面、還是放在中間？簡言之，在溝通中怎樣編碼才能提高說服力？一位管理者要爭取預算，提撥一位部屬，或銷售一種新產品，通過一項薪資政策，都必須具有很強的說服力。因此，編碼要領也屬於溝通技巧的一個重要部分。下面介紹的一些編碼要領已被管理者廣泛地運用於組織環境之中：

1. 正反論點

任何一個主張，一項建議或一個決策都有有利方面和不利方面。管理者在溝通時，到底應該只表達有利論點呢？還是應該同時提出反面論點？對於這個問題的答案應當依據情況而定。一般說來，對於不熟悉溝通主題的受訊者，或已經同意你的觀點的受訊者，以及不太可能接觸到反面說法的受訊者，都適合只提出有利論點，只說好處。也就是說，如果你的建議方案已經被受訊者接受，那就儘量堅持對你有利的論點！

相反，如果受訊者對溝通主題十分熟悉，或一開始就不同意溝通者的觀點，或者受訊者聽到了反面的說法，在這些情況下就必須同時提出有利論點和不利論點。這樣，熟悉溝通主題的人才會相信你是見多識廣、考慮全面的，同時，那些反對你的人也才相信你是開明的、誠實的。在某些情況下，也有必要讓不熟悉主題的受訊者了解不利論點，這樣當他們聽到反面說法時才不會吃驚從而突然對你的說服產生懷疑，不利論點可以使人對反面說法產生「免疫力」。當然，無論是說明有利論點還是不利論點都必須實事求是，以理服人。

2. 高潮順序

所謂高潮順序，是指在溝通時，最重要最有力的論點出現的位置。也就是說，在說服過程中，最有力的論點應放在何時最好？據現有的研究表明，當受訊者對溝通主題不感興趣或興趣不大時，為了抓住他們的注意，最重要最有力的論點應放在最前面；反之，如果聽眾對溝通主題興趣很濃，就適宜把最優論點放在最後面。把最優論點放在中間，不論受訊者對主題有無興趣，其效果都極差，因為這樣做會使你的話頭話尾都缺乏力量，缺乏說服力，不會給人耳目一新的感受。所以，如果你要吸引一個對溝通主題不感興趣的群體，就得把最好的論點放在前面；反之，如果他們願意聽你談話，就不妨把最精彩的部分留在最後發表。

3. 初始效應與近時效應

所謂初始效應，即受訊者對最先提出的論點印象最深，受到的影響最大的一種溝通效果，而近時效應指最後提出的論點最有說服力的溝通效果。初始效應適合於溝通者與受訊者觀點一致、看法相同的情境，適合於溝通主題有爭議、有趣味並為大家熟悉的情境。近時效應多半產生於對主題缺乏興趣的溝通者、或溝通主題呆板乏味、又不為人們所熟悉的情境。在這種情況下，受訊者不會費腦筋去記憶和理解你前面說的是什麼，他只希望最後得到一個明確的、簡單的結論。

為了改變聽眾的態度、觀點，還要考慮溝通者本人在受訊者心目中的地位。如果受訊者認為你博學又可靠，你最好把有利論點放在前面然後緊接著提出一些不利論點，可以增強你的說服力。一般而言，在提供資訊之前，先強調受訊者為何要了解這些資訊，了解這些資訊對他們有何種重要性、能滿足他們哪方面的需要，這些都有助於加強聽眾對資訊的接受。聰明的溝通者會說：「這就是你們為什麼需要這些資料的主要原因，下面我就給你們提供你們所需要的資料…」

4. 結論推導

所謂結論推導，指溝通者只提供事實、資料和推論前提而不直接給出結論，他只是誘導受訊者沿著他提供的思路自己推出結論。一次有說服力的溝通是否需要作出結論？這個問題引起許多調查者的關心。

研究表明，在以下情況中應作出結論，才能有效地影響受訊者：1.你或你的受訊者是新來者，使你對受訊者不太熟悉；2.你的溝通與受訊者沒有直接利害關係；3.問題複雜、難以理解或不太明確；4.你想要改變受訊者的意見。在這幾種情況下，直接給出結論容易使受訊者記住和理解。

但是，當受訊者智力高超，而且對你主張的事件又極為熟悉，那麼你最好不要作出結論，因為你的結論會讓他們感到囉嗦，或認為你在輕視他們的智慧，當受訊者與溝通主題有利害關係時，也不必作出結論，因為他們出於對自身利害的關切，也會主動利用你所提供的資訊，從而得出結論。如果你為他們作出結論，反而會使他們懷疑你是別有用心，結果是降低你的說服力，人們對於利害相關的資訊以及這種資訊的提供者往往十分敏感而且容易產生疑慮。

心 靈 劇 場

本次練習是一個就業前的面談經驗，希望老師將上課同學分組，步驟一、先調查每位同學就業的意願，可能包括業務人員、行銷企劃、行政祕書等，並安排3~4位同學分別擔任每一個職位的面談成員，其中一位擔任主考官。步驟二、請每組面談人員先討論相關面試題目，並定下面談甄選標準。步驟三、請所有參加面試的同學在隔週上課時身著正式服裝，自備一份應徵信，（同時亦請老師補充面談服飾穿著與注意事項），加強同學們的實務經驗，一週後，請以「一個職位」為單位，在教室中劃分一區，並將桌椅排列四個角落，留下中間一個區域，並請應徵人員準備，3~4位面談人員就座，其他同學在台下觀察與學習。

分享經驗：

1. 請主考官分享面談他人的心情與經驗？

2. 準備面試的心情？

3. 台下同學的心得分享？

職｜場｜話｜題

全球各大企業CSR投資不減反增

用 CSR 力量打敗不景氣

　　當全球面臨景氣冰風暴之際，眾多企業正苦思該如何縮衣節食，以度過景氣寒冬。然而在此同時，沃爾瑪、英特爾等知名企業卻逆勢操作，迄今從未降低CSR的投資，因為他們深信，有效的CSR策略將能帶領他們走出當前的經濟困境。

CSR 不是慈善公益，而是實實在在的生意經

　　許多企業主對於CSR的認知，仍舊停留在舊有的「公益、慈善」思維，因此，當公司營運狀況與獲利下滑之際，首先就該減少CSR的相關支出。然而，這樣的落伍觀念可是大錯特錯。

　　Sony集團資深副總裁原直史就認為，「要貫徹CSR，絕對不是錢的問題，而是『智慧』問題。」原直史認為，經濟衰退之際，企業主反而應該逆向思考－持續投注心力於CSR上，不能有所鬆懈；並且試圖在企業公民責任與公司獲利之間，取得最佳平衡。

　　的確，企業如果想在不景氣中獲利、搶下更多訂單，就絕對不能忽略CSR的投資。舉例來說，在科技業一場場殘酷的訂單爭奪戰之中，許多台灣代工廠商不只要捍衛利潤，更得注重所謂的「CSR規範」。

企業社會責任 (CSR, Corporate Social Responsibility)

　　企業社會責任，指的是企業在從事商業活動時，必須符合讓社會與自然環境達到永續發展的考量。因此，企業在創造利潤與經濟價值的同時，還得做好「企業公民」的角色，為民眾創造社會價值。而其中包含了維護勞工權益－不雇用童工、不超時工作、不讓員工在惡劣的環境下工作；產品生產流程符合環保規範、愛護地球資源；熱心參與慈善公益活動；並且依法納稅等社會責任。

資料來源：謝佳宇，管理雜誌第 418 期，P34~P35

衝 突

學習目標

- 衝突的定義及群體中幾種常見衝突類型。
- 產生衝突的原因分析。
- 預防和解決衝突的措施。

名人
語錄　老闆說,一位數字的成長是在誤差範圍內,不算。

（安麗公司業務暨行銷執行長陳忠雯,摘錄自 93.5. 的經濟日報）
資料來源:突破雜誌第 227 期 P106

凡是有人群的地方就有衝突存在。最溫和的衝突行為也許是意見不一導致的爭論，最極端的衝突就是訴諸武力。衝突加劇可能使一個群體解體，使一個組織陷入癱瘓狀態。如何認識衝突和解決衝突，是管理者經常面臨的問題之一。

衝突的一般含義指互不相容和互相排斥的目標在個體心理上或人際間引起的矛盾鬥爭狀態。對於個人而言，可以把衝突理解為兩個目標不能兼顧、二者必居其一的選擇困境。因此，衝突可能在不同的社會心理層面上發生，有個人心理衝突，也有群體內部成員之間的衝突，還有群體與群體之間的衝突。

第二節 個體衝突

一、個人的心理衝突

所謂心理衝突，是指個人內心產生兩種以上難以統一的行為動機。在這個時候，行動遲疑和情緒焦慮會直接影響個人在群體中的作用。

當個人面臨如下情境而又必須作出選擇時，就會產生心理衝突：其一，同時存在著兩個誘人而不可兼得的目標；其二，迫使你必居其一的兩個目標不討人喜歡；其三，所選擇的目標包含好的和不好的兩個方面；其四，存在著兩個以上的選擇目標，但每種選擇都有其正和負的效果。這裡，你就會猶豫不決，產生焦慮，乃至於產生一種挫折感。因此，衝突是兩種對抗的力量：一股力量推動你前進，另一股力量又把你往後拉，使人無所適從。衝突是一種進退兩難的情境，也是一種必須作出選擇和決定的情境。日常生活中的情緒問題和非理性行為往往都是心理衝突引起的。每個人一生中都會遇到或大或小的衝突，如同時想看兩部電影、報考專業、挑選職業、選擇對象、與一位又討厭又是有情份的朋友是否斷絕關係等很難作出決定的情形。大多數衝突是短暫的，不會造成長久的負擔；但有些衝突卻會嚴重干擾你的正常生活甚至導致精神症狀。

20世紀30年代，心理學家勒溫把個人心理衝突劃分為四種類型。

1. 接近－接近衝突

這種衝突產生於兩個誘人的目標同時存在，但是又相互排斥、不可兼得的時候。一位大學生想從事兩種工作，但不能同時在兩地工作。一位大學畢業生既想從事企劃工作又想報考研究所，都屬於接近－接近衝突。最典型的接近－接近衝突是對職業的選擇和配偶的選擇。

解決接近－接近衝突的辦法是進一步了解情況，增加好感的一方會使你縮小與它的距離，因而也就拉大了與另一方面的距離。

2. 回避－回避衝突

這種衝突產生於二者必居其一的兩難困境，同時存在的兩個目標都讓人不愉快。一位員工既不喜歡自己的工作，又不願辭職去待業；一位丈夫既害怕頻繁的家庭爭吵又害怕失去這個家庭等等。這些衝突都會引起焦慮。

解決回避－回避衝突的辦法有幾種：(1)忍耐困境，期望未來變得好一些；(2)尋找第三條出路。(3)如無其他可能性存在，就應進一步了解當前狀況，兩者間取其輕者。

3. 接近－回避衝突

同一個目標利弊並存而引起的衝突。一個人想拿到大專文憑，但又不喜歡學習；既想消除病痛又怕作手術；減肥的同時又貪口福；對組織機構有很大的依賴性，同時又想獨立自主，不受組織約束。這類情況都屬於接近－回避衝突，當人們處於這種衝突中時，往往會去接近目標；而越是接近目標，回避目標的願望就越是強烈，其結果要麼是一再猶豫、拖延，那麼就是必須下定決定。

4. 雙重接近－回避衝突

雙重接近－回避衝突的情境包含有兩種複雜的刺激。這就是說，兩種刺激中的每一種都能同時引起接近反應，個人無論選擇哪一種刺激都具有正和負的後果。例如，一個車間有兩個負責人，其中一個重視質量而忽略產量，另一個則重視產量而忽視質量，他們會向工人提出不同的要求。當一個工人產量高而質量差時，會受到一位工廠負責人的表揚，同時卻會受到另一位負責人的批評。如果他全力以赴提高產量，而產

量卻下降時，其結果一樣：他都會同時受到表揚和批評。這時該工人就處於一個雙重接近－回避型的衝突情境之中。

上述模式只是個人內心衝突的基本模式。現實中人的內心衝突的情況是極其複雜的，必須結合具體情況進行分析。了解衝突的基本模式，有助於進一步分析更複雜的衝突案例。

二、人－事衝突

人－事衝突指員工的工作意向與任務不相適宜的狀況，這種狀況常見於正式組織或工作群體中。

組織中的群體成員結成工作關係；然而，在人員與工作之間，工作與工作之間，工作分派者之間和工作分派者本身都存在著衝突。管理者必須認識和學會解決這些衝突，才能保證組織作用的正常發揮，下面我們就分析這四種工作衝突形式。

（一）人員與工作的衝突

這種衝突指人員的個人需要、價值觀和能力與其已接手的工作發生的衝突。譬如，某員工強烈需要建立良好的群體工作關係。他認為成天單獨坐在一間工作室裡工作是最糟糕的事，而且他的交往能力也很強；假如分派給他的工作正好是單獨操作，那麼，他就會對這項工作產生厭倦、不滿，甚至故意失職。因此，勞動人事部門在分派工作時應當考慮到人員的需求和能力等心理差異，才能做到較好的人事配合。

在E化的辦公室環境，有哪些事情會造成彼此的衝突？又該如何化解呢？

（二）工作與工作的衝突

　　這種衝突發生在同一個員工接到兩項以上目標不一致的工作之時；在一段時間內，他無法執行幾項命令，無法兼顧數項工作，這時他就會體驗到工作之間的衝突。一位財務人員兼作工會領導人時，一方面上級要求他嚴格控制經費支出；另一方面工會職責則要求他設法增加工會福利開支。一位女員工很想在工作上幹出一番事業，但她的小家庭又要求她抽出更多的時間精力來做一個賢妻良母。這些情況下都會發生工作與工作的衝突。為了避免顧此失彼，最好先把各項工作目標按其重要性分出等級來，或按原則辦事，或有順序地先做好某事，再去做另一件事，合理分配時間。

（三）工作分派者之間的衝突

　　組織內功能部門的管理者之間容易發生這種類型的衝突，他們常常向部屬發布不同的指令，爭先要求部屬執行自己的指令，在分工不明確，政策不協調或部屬人員的時間精力均受限制的情況下，工作分派者之間的衝突會嚴重地削弱領導力量和組織力量。

（四）工作分派者本身的衝突

　　這種衝突指工作分派者先後傳達的指令不配套、不相容甚至自相矛盾。譬如，經理指示部門主管提高工作效率，但又明確否定部門主管為提高生產效率靈活制定的獎懲條例。又如，上級要求下級節省開支，卻又批准或同意下級購進豪華型轎車。工作的分派者本身的衝突可能發生在同時下達幾種指示的時候，但是，不同時期發出的指示中所導致的衝突則是更為普遍的。

職｜場｜話｜題

OKR+360度回饋，避開績效管理的盲點

　　遠距在家工作的模式到底好還是不好？對企業而言好處多，因為省下成本，如實體空間租金。如果讓大家都是在家裡，當然就不需要負擔高的租金費用。但是中國人的思維重視眼見為憑，見面三分情。尤其績效管理在辦公室，通常可以觀察到員工實際的績效表現。每一個人的人際關係的好壞也都一目了然。在往常如果員工表現平庸，很可能透過一些印象管理戰術，但是遠距工作難道可以逃避嗎？到底如何做好績效管理，尤其是遠距在家工作的模式。

　　其實我們必須思考幾個問題：評量的資訊是什麼？評量的結果能不能反應出實質的績效？在疫情期間，有些時候因為在家工作溝通沒有辦法很方便，在有限的交流跟討論中，如何檢視其績效？管理者沒有辦法親眼見到員工坐在辦公室努力工作的模樣，所以主管或許會想像員工在家真的有認真工作嗎？

　　當我們談到績效評量通常以實質的質量跟數量來看，例如：組織過程，團隊或個人達到他們的目的、目標的程度。近年來在人資的領域推動了OKR(Objectives and Key Results)，也就是目標與關鍵結果。OKR的精神簡單來說，就是鼓勵跟幫助員工設定有條件的目標，理解公司想要達成的方向跟目標，進而完成整體目標。這個工具並不是績效評量的主要項目，因為傳統的績效評量會更新、重做連結。OKR對個人而言，讓員工清楚看見自己的成績做了什麼，對員工有鼓勵的效果。疫情的影響下，適度的調整績效考核方式，選擇也需調整，或許運用OKR能夠協助團隊員工了解到要做什麼及如何做。

◎ OKR 特色

一、任務由下而上。

二、操作核心要掌握容易了解的。

三、幫助大家集中注意力是否是對大家提出的挑戰。O是具體量化幫助完成的關鍵動作，無清楚可量化的目標導向。

六、全公司公開。

七、可以立即除錯。

八、有時間救援。

資料來源：洪贊凱（彰師大人力資源管理研究所所長），第 787 期，P40~44

第三節 群體內部和外部衝突

一、群體內部的衝突

群體內部衝突指群體成員之間因利益分配不當、工作認識差異或個性不和引起的或隱或現的不滿和對抗。

沒有任何群體能夠完全和諧一致，否則它就沒有發展和更新，在正式群體中，當群體動力的負面因素增加時群體成員之間的衝突更加普遍。群體內部的衝突表現在如下幾個方面：

（一）領導者與被領導者的衝突

領導者在執行領導職能的過程中，可能與被領導者發生衝突。例如，他們在發號施令、統一不同意見或分派工作時，有時可能會施加壓力，使其成員順利地聽從指揮，執行任務。面對這種情況，被領導者可能產生不滿，並以隱蔽的、消極的對抗來發泄自己的不滿，有時還可能會引發為公開的對立。又如，組織中的高階層人員負有更大的責任，享有對部屬的支配權，對組織更忠誠，工作的自主性也較強；而基層職員和工人常常感到自己的地位無法充分發揮自己的能力，又無法操縱自己的工作關係，因此責任感較差，對組織的忠誠和關心程度也較差。這種角色和地位的差距常常導致彼此的心理隔閡。當他們對同一問題產生分歧時，主管可能會認為部屬不服從領導；而部屬下級又會覺得主管上級領導太專斷，雙方的不滿就可能導致直接或間接的衝突。

衝突的型態，從個人到組織甚至到社會大眾，都需要透過協調達成共識

照片來源：https://upload.wikimedia.org/wikipedia/commons/f/f7
/2014_%E5%A4%AA%E9%99%BD%E8%8A%B1
%E5%AD%B8%E9%81%8B_by_Max_Lin_(1).jpg

（二）新舊成員的衝突

群體都要新陳代謝才能保持其活力，在人員的新陳代謝過程中，舊成員和能力不足者的地位或職務常被新成員所取代。當雙方不能正確認識和對待這種替換時，可能出現：群體內的舊成員覺得新成員帶來的新知識、新觀念和新方法會對他們造成威脅，認為自己的地位和重要性有可能會慢慢喪失；這時他們對新成員的不滿常常成為新舊成員衝突的起因。另一方面，急欲做一番事業的新成員又會覺得老成員在約束他們。當新舊成員懷著兩種不同的心態共事時，就難免發生或隱或顯的衝突。

（三）彼此成員間的衝突

從管理機構的最低層次到最高決策層次，各層次上的同階層人員間也會發生衝突。這些衝突可能產生於他們對本身工作的優先考慮而不顧整體的協調，更可能產生於對同一問題有不同的資訊來源、不同認識和不同的意見。

二、群體與群體之間的衝突

在政府、企業等組織，往往存在著各種類型的群體與群體間的衝突，而利益競爭、組織設計失當、彼此間缺乏了解和責任、權利劃分不清是這類衝突的主要原因。

（一）同一層次上群體間的衝突

生產單位之間、基層管理部門之間、中層管理部門之間經常發生的衝突就屬於這種類型。在同一組織層次上的衝突可能由權力、人員、資金或物質分配不均所造成，也可能因為各部門工作協調不好所造成。譬如，管理者為了解決產品積壓問題，可能給銷售部門授予更大的自主權、設置更多的獎勵條件，從而引起生產部門和物資供應部門對銷售部門的不滿。再如，生產部門強調生產業務最優化，根據自己的生產條件大量生產某種並不暢銷的產品，而強調可銷性的銷售部門就會對這種情況提出反對意見。人事部門因裁減冗員或安置人員與其他部門發生衝突。不同部門或單位成員之間不良的人際關係也會導致工作關係上的蓄意不配合。

（二）不同層次上的群體間衝突

組織中權責分層使不同級別上的群體對自身的重要性感受不一樣。總而言之，同一層次上群體之間的溝通和交往要多於不同層次上的群體溝通和交往。因此，較低層次上的群體常常因為自己受到忽略，不被重視；或因為與較高層次上的群體缺乏了解

和溝通；同樣的問題和管理措施在高層次的群體看來是能夠解決、能夠接受的，然而較低層次上的群體卻可能認為無法解決，不能接受。不同層次的群體還因為各自享有不同的工作待遇和生活待遇導致不滿與衝突。比如醫院中護士、醫生和管理人員的衝突；在教育界，學生、教師與管理人員的衝突；科研單位與行政部門的衝突；主管人員與部屬成員的衝突等。

（三）競爭性的群體衝突

組織中的小群體常常為了競爭某個目標而發生衝突。這個目標可能是榮譽、實權實利或工作成績。美國心理學家謝裡夫對競爭性群體作過詳細研究，結論如下：

1. 競爭對群體內部的影響

(1) 群體內部凝聚力加強，其成員對群體更加忠誠，內部分歧減少。

(2) 群體內部由關聯式轉變為任務型，群體成員對相互關係的關切減弱，而對完成任務的關切加強。

(3) 為了加強競爭能力，領導方式逐漸從民主型轉為集中型，而群體成員也甘願忍受集中型領導。

(4) 群體的組織性紀律性逐漸嚴明。

(5) 群體要求其成員更加服從和效忠。

2. 競爭對群體與群體之間關係的影響

(1) 每一群體都把競爭的另一群體視為對立的一方，而不是中立的一方。

(2) 每群體都會產生偏見，只看到本群體的優點，看不到自己的弱點，對另一群體則只看到對方的缺點，而忽視了它的優點。

(3) 對另一群體的敵意逐漸增強，與對方的交往和溝通逐漸減少，於是更難糾正偏見。

(4) 如果強迫他們交往，相互間只注意加強自身、削弱對方。對於對方的發言，除挑剔毛病之外，根本不注意傾聽。

競爭性的群體在衝突中，通常要尋找盟友和支持者，但是盟友和支持者無法在群體間裁決勝負。於是他們往往求助於權威－上司來進行裁決。裁決結果必有勝負。勝方成員心懷喜悅，對裁判頗有好感，認為裁判規則是公平合理的；而負方會感到沮

喪，對裁判內心不服，甚至產生敵意，公開或私下批評裁判的水平不高，裁判規則有問題，沒有發現他們的優勢。勝方的群體成員面臨新的問題時，內部相對穩定，信心比較充足，並有沿用老方法解決新問題的僵化傾向；而負方群體則會發生分裂，群體內部充滿了爭執和壓力。如追究失敗的責任，成員之間會相互指責，失去信心。所以，從心理學上說，全勝和全負均會給群體以後的活力造成不良影響。而在競爭中獲得中等成績的群體往往既能避免僵化，又能避免分裂，很可能成為下一次競爭中的勝利者。如何正確對待競爭中的勝負，這是管理者必須注意的問題。

切勿開錯窗

　　有一個夏日的午後，小女孩午睡起來，開窗子望出去，正好看見一群悲傷的車隊唱著悲悽的歌出殯，看見了許多人流淚行走著，不由得她也一同掉淚，此時，她的父親從她背後告訴她：「來！爸爸開另一扇窗給妳看看」，此時的景像是一群小孩在菜圃中蹲著，欣賞著他們所栽種的植物，植物上有著蝴蝶飛舞著，爸爸告訴小女孩說：「瞧！這是春天的希望」，是的，同一個午後不一樣的景像，看見了不同的意境，是否你我能有智慧的「取景」呢！在辦公室中，能否不要開錯窗。

※心靈筆記※

_____

_____

_____

_____

_____

_____

_____

第四節　衝突的原因及其預防方法

一、產生衝突的原因

產生個人心理衝突的原因：歸納起來，產生個人心理衝突的原因大致如下：

1. 人有各種不同的需要，有時兩種需要同樣迫切；更重要的是，有時會同時出現由個人看來是等值的幾種刺激或誘因，或同時存在著個人無法迴避的選擇情境。

2. 個人的需要有時會與他的道德觀念發生衝突；個人的道德觀念有時會與組織的要求不一致。

3. 個人的需要有時會與社會或組織對他的要求相抵觸。

（一）產生人－事衝突的原因

人－事衝突或工作衝突之所以存在，客觀原因在於組織運行取決於人與人相互依賴、相互合作的關係，組織分工、人事配置或管理人員下達指令一旦脫離個人所能接受的範圍，便會產生這種衝突。其具體原因主要是：

1. 工作分派不當，致使個人無力勝任或學非所用。個人實際從事的工作與他強烈嚮往並深感興趣的工作性質相差甚遠。

2. 個人在兩個具體工作目標不相容的部門兼職，或接到了他無法兼顧的幾項指令；個人在執行同一任務時，需要向兩個以上的指揮系統負責任。多頭馬車，致使個人無所適從。

3. 隨著情況發生變化，舊令未撤，新令已出，先後指令不配套，不相容。

（二）群體內部衝突的原因

群體內部成員之間的衝突有不同的起因。在群體發展的不同階段，導致衝突的原因也各不相同。

1. 在群體發展的早期階段，群體成員對目標、計畫和分工容易存在意見分歧。

2. 在群體發展的中期或成熟階段，可能滋生衝突的因素主要有：權力地位差異、角色

期望與角色表現相左、人際相互作用交叉格局等。

3. 群體內人際關係親疏不等。A較喜歡與B在一起閒聊，而對C有一些成見，只能勉強相處。

4. 某些成員的知識構成、興趣和價值觀逐漸發生變化，或為其他事物分心，以致被其他成員視為異已者。

（三）群體與群體之間的衝突的原因

群體之間的衝突往往由下列原因造成：

1. 溝通阻塞

這是由於群體與群體之間的資訊溝通管道不同，又缺乏經常性的良好溝通，從而造成誤解和衝突。

2. 主觀差異

不同的認識和價值觀的差異。由於群體構成的知識經驗、立場觀點的不同，對同一事物便會有不同的認識和觀念；價值觀是人對是非、善惡、好壞的一般觀念。不同的群體對事物的興趣或喜愛不一樣，甚至對生活目標的取捨也不一樣。

3. 本位主義

組織內不同部門有不同的工作職責和主管業務，因此在處理問題時往往首先考慮本部門的利益和權力是否受到影響。此外，一個組織擁有的人、財、物等資源是有限的，任務分派到各部門之後，這些部門為了完成目標去爭取占有優勢資源，而造成衝突。

跨部門的衝突是需要放棄本位主義，才能有相互配合的機會

4. 權責不明

由於機構設置不合理、規章制度不明確，各部門權責交接處混淆不明，導致遇事相互推諉，各行其事而形成衝突。

5. 組織變革

組織變革常會在不同的部門或不同的群體之間重新分配權力和利益，從而引起不滿和爭執。

二、預防衝突的措施

衝突表面化之前總有一些預兆。美國心理學家施米特等人在《分歧的處理》一文中，告誡管理人員必須警惕以下幾種現象的發生：周圍的人都有唯唯諾諾的傾向；強調忠誠與合作，把意見分歧視為不忠誠；一遇分歧就堅持把它平息；粉飾嚴重的分歧以維持表面上的和諧與合作；接受模棱兩可的解決分歧的決定，讓衝突雙方都可以對該決定作出不同的解釋；擴大矛盾，以增強個人的影響，削弱別人的地位。

衝突是群體中不可避免要發生的現象，但衝突不一定是壞事。建設性的衝突－如意見分歧和競爭等－可以開闢解決問題的新途徑，防止小集團意識；可以激發士氣和提高生產率。這裡所要談到的，需要預防、限制和平息的是破壞性衝突，如攻擊、暴力干涉或破壞組織的行為。下面是一些一般性的預防措施。

（一）加強溝通和參與

如增設意見溝通管道，擴大溝通關係，使不同的群體隨時能夠彼此對話，把群體內部每一成員都納入溝通系統，以增進群體之間和個人之間彼此理解。鼓勵員工參與組織管理，多方提供建議，這樣做不僅可以使管理和決策更加完善，還可以取得員工對決策的有力支援和執行。

（二）激勵成員的工作願望

員工能否在工作中發揮自己的特長，影響到他們的工作情緒、工作績效、對組織的貢獻和他們的自我滿足與成就感。員工的工作願望需要組織引導和鼓勵。因此，組織必須採取有效的措施，提高員工的工作意願，發揮員工的潛力，透過組織目標的認同，共同利益的結合來減少衝突。

（三）正確運用領導方法

努力使個人和群體的奮鬥目標與組織目標相結合，使服從個人權力的領導傳統轉變為遵循組織健康運轉的客觀規律，這樣就可以使行動目標的衝突減少，消除領導與被領導之間的非理性抗拒。

（四）善用管理措施

群體成員是懷著不同的需要參加組織工作的。管理者應該視其不同的需要，設置並靈活使用不同的獎勵方法。如果員工們一時最需要的是實質利益，便可充分使用計件工資制和超額獎金制；如果員工最需要實現工作勝任感，適當的授權或人事配合便不失為好的措施。

總之，一個優秀的管理者不僅能夠調動組織力量順利地完成任務，

良好的衝突能夠創造組織、共識團隊中的成員及掌握共同目標往前

而且能夠洞察群體中潛伏的衝突原因，能夠因勢利導，靈活使用預防措施，防患於未然。

第五節　解決衝突的方法

如果上述的預防措施不能奏效，衝突已經表面化、公開化，下列解決方法可以考慮採用：

一、協商解決法

當兩個群體或部門發生衝突時，需要由雙方派代表通過協商解決衝突。這種解決方法往往是通過雙方都作出一些讓步來實現的。因此又稱為妥協解決。妥協的前提是衝突雙方陷入僵持，都認識到堅持抗爭對自己沒有好處，有坐下來與對立一方談判的願望和誠意。

妥協的優點是衝突雙方都對協定承擔諾言，可望在一段時期內，依靠雙方的自覺性消除衝突。妥協解決的缺點在於，由於每一方都作了一些讓步，既無勝利的喜悅，又無失敗的刺激。平淡無味的結局可能使每一方都不滿足，以後一有機會就會提出更高的要求。

二、仲裁解決法

當衝突雙方經過協商無法解決衝突或不能達成協定時，就需要第三者或較高階層的領導人出面調解，促成合作，達成協定，或者進行仲裁，使衝突得到解決。仲裁者必須對衝突雙方具有權威性和公正性，否則仲裁解決法可能無效。

仲裁者可以使用幾種方法來消除衝突：其一是讓衝突雙方選出代表，談判時，代表與他的群體暫時隔離，可以降低群體對他的壓力。然後賦予每位代表一些重要權力，這些權力使他們的責任超越了各自代表的群體範圍，這樣可以使代表們能以更客觀的立場看待對方的觀點。其二是提出一個可以消除各組成員之間歧意的更高目標，激勵他們聯合起來追求共同的目標。其三是教育，把衝突可能帶來的惡果告訴群體成員，或者讓他們了解大家共同面臨的困難和潛伏的危機，以避免不必要的糾紛。其四是當大群體與小群體發生衝突時，可以採用吸收策略，即大群體以支持者的姿態對待持異議的小群體，把他們之中重要作用的成員吸收到大群體中來。比如給出幾個委員會的名額讓他們參加，結果使他們與大群體合作而成為大群體的組成部分。

仲裁者的關鍵作用是強調和促成利益結合與合作。他應富有智慧的說服力與感召力，使偏激的群體成員冷靜下來，以理性的參與精神替換小群體意識，變偏見為遵循客觀規律。

三、權威解決法

當衝突雙方經過調解無法達成協定或總有一方不服從裁決時，可以由上級主管部門按「下級服從上級」的原則，強迫衝突雙方服從裁決，這就是權威解決法。由於它是動用組織權威力量，以強制或壓服手段解決衝突，所以又稱為壓服解決。這是一種解決衝突的傳統方法。

權威解決法的優點是簡單省事。在群體衝突惡性發展、威脅到組織的目標和組織生存時，在情況緊急，需要當機立斷解決衝突時，這種方法往往是管理者不得已的選擇。權威解決法的缺點在於它很可能不能消除衝突的起因、對衝突雙方的裁決不一定公平合理。總有一方取得勝利，失敗的一方可能心懷不滿，但迫於權威壓力，只能把不滿從公開轉為隱蔽，一有機會又會反抗，矛盾得不到根本解決。鑒於弊端，優秀的管理者總是力求避免使用這種方法。

　　解決衝突的方式應該因人因事而宜。上述幾種方法適宜於解決群體衝突，卻不適用於解決個人的心理衝突。當每個人面臨各種心理衝突時，為了擺脫因困境導致的焦慮不安，他最需要的可能就是耐心和等待。隨著時間流逝，情況發生變化，就有餘地改變、替換或維護原來的行動目標。要解決人－事衝突，也應研究其衝突原因，設計解決措施。

不同企業的良性互動，有助於許多層面的合作與進步

照片來源：https://upload.wikimedia.org/wikipedia/commons/a/a2/Steve_Jobs_and_Bill_Gates_(522695099).jpg

自我省思

1. 什麼叫衝突？群體中常見的衝突有哪幾類？
2. 對於每種類型的衝突，請分析其對應的原因？
3. 常用解決衝突的方法有哪些？各自的優缺點是什麼？

如何獲得幫助？

　　當你需要別人的幫助時，你是怎麼做的？一種策略就是直接簡單地獲取你所需要的幫助，但是大多數人知道向「陰沉著臉的人」請求幫助並不總是最佳途徑。有時等到別人情緒轉好或使他們有好的情緒是非常有用的。這可以通過幾種方法來順利達到，諸如讚揚他們，送給他們小禮物或讓他們面對一些有趣的東西。只要他們情緒緩解了，他們說「可以」的機率就變大了。

【說明】

1. 把班級分成兩個群體。

2. 一個群體扮作求職者，閱讀以下資訊：

   你的任務是在一個簡短的工作面試中扮演求職者的角色。這份工作是一個高層管理的職位，你需盡一切努力去通過這場面試，以增加你被錄取的可能性。

3. 另一個群體扮作面試者，分成兩個子群體。將作出肯定評價的子群體閱讀以下資訊：你的任務是在一個簡短的工作面試中扮演面試者的角色。你將向求職者詢問以下問題。（見5）然後假設你對這個人的表現作出評價。然而不管這個人說什麼做什麼，你都將給以非常肯定的評價，即像下面這樣來回應五個問題的回答。

   1＝好，2＝非常好，3＝非常好，4＝非常好，5＝非常好

4. 另一個將給出不滿意評價的子群體面試者，閱讀以下資訊：你的任務是在一個簡短的工作面試中扮演一個面試者的角色。你將向求職者詢問以下問題（見5）。假設你將評價這個人的表現，然而不管這個人說什麼做什麼，你都將給以否定的評價，即像下面這樣來回應五個問題的回答。

   1＝差，2＝差，3＝一般，4＝差，5＝一般

5. 面試者詢問下列問題

   A. 你的專業是什麼？

   B. 你的學業平均成績是多少？

   C. 你最大的優點是什麼？

   D. 你最大的缺點或弱點是什麼？

   E. 你經常如何描述你的工作習慣？

6. 面試者在面試之後填充下列評價表。（只選一項）

   A. 勝任能力　很差_____差_____一般_____好_____很好_____

   B. 動機　　　很差_____差_____一般_____好_____很好_____

   C. 人際技巧　很差_____差_____一般_____好_____很好_____

   D. 成為有成就雇員的可能性

   　　　　　　很差_____差_____一般_____好_____很好_____

   E. 總體評價　很差_____差_____一般_____好_____很好_____

7. 面試者現在把他或她的評價拿給求職者看。

8. 在練習結束以後，面試者應以實際的態度向求職者請求小小的幫助，諸如借一下他或她的課堂筆記。

9. 在兩個亞群體的學生提出幫助的請求後，列表顯示在兩種情況下有多少求職者答應了。

【討論題】

1. 肯定評價是否助長了求職者的士氣？否定評價是否使求職者情緒低落？

2. 情緒好的人是不是比情緒壞的人更有幫助性？

3. 其他還可以怎樣使人們處於良好的情緒狀態？

4. 你曾經採用過這個技巧或者別人曾經在你身上用過嗎？

（摘譯自：Jerald Greenberg, Robert A · Baron:《Behavior in Organizations》, Prentice-Hall Inc., New Jersey, 1997.）

了 解 自 我

解決衝突的個人風格

　　人們之間的衝突在生活中是普遍的，不可避免的。那麼，當出現衝突時我們對此加以有效解決是非常重要的。你是怎樣來應付這樣的情境的？在處理和別人的不同意見和衝突時，你最喜歡的處理方式是什麼？下面的練習將對這個重要問題提供一些見解。

【說明】

1. 回想三件你經歷過的與別人發生衝突的事情。在一張紙上對每一件事加以簡要的描述。

2. 回答下列關於每一情境的所有問題。

	不這樣做				這樣做		
A. 在多大程度上你儘量對衝突採取迴避的措施（如迴避這個問題，逃離這種情境）？	1	2	3	4	5	6	7
B. 在多大程度上你力圖通過和解來解決衝突？	1	2	3	4	5	6	7
C. 在多大程度上你儘量通過抗衡來解決衝突？（如想取勝，堅持自己的權利或觀點）？	1	2	3	4	5	6	7
D. 在多大程度上你力圖通過妥協來解決衝突（如在你們的觀點之間尋找一條中間路徑）？	1	2	3	4	5	6	7
E. 在多大程度上你通過協作來解決衝突（如和別人一起工作以發現能滿足你們基本需要或關注點的某種解決方法）？	1	2	3	4	5	6	7

3. 記錄班中每個人的得分。然後計算每個題目的平均得分。

【討論題】

1. 你在你的回答中看到一致性了嗎？你偏好某種解決衝突的基本方法嗎？如果是的，那麼在你處理大範圍的衝突時，這種方式會給你的成效帶來什麼影響呢？

2. 你喜歡在不同的情境中採用不同的方式解決衝突嗎（如使用何種方式取決於你與之發生衝突的人）？

3. 你的得分和別人相比如何？他們比你高還是低？

4. 你能改變你解決衝突所偏好的一種或幾種方式嗎？如果能，那麼如何改變？

現｜場｜直｜擊

大老闆與小老闆

　　郭總的兒子Jeremy，今年28歲，剛從美國紐約學成歸國，剪著酷酷的髮型，一口流利的英文，當他一走進公司時，連櫃台的工讀生，都驚訝一番，甚至還問他一句：「先生，你是來應徵業務專員嗎？」Jeremy冷靜的回答：是的，請給我一份應徵表格，此時，剛好總經理室黃特助走出來，一眼認出Jeremy，連忙說：「好久不見！還記得你不是才高中，怎麼一轉眼已是企管碩士，真是不簡單！小玲（剛剛的櫃台工讀生），妳真是有眼不識泰山！他是『小老闆』真是的！快快請走這邊，我們去見老總！」此時整個辦公室不禁騷動起來，尤其是女同事，大家稱讚Jeremy這位小老闆簡直是明星臉，帥呆了，以後能常見到他真是員工大家福利！隔天，在會議上，黃特助宣布Jeremy為公司業務部副理，在一陣鼓掌聲中，公司的內鬥正式上演，一群年齡超過40歲的資深員工開始產生一種不平的心態，他們認為自己在公司從基層做起，按理說在這個公司沒有功勞也有苦勞，豈能讓一位毛頭小子來帶領，雖然老總一再表示，由於公司正在擴展子公司，有一些時候必須讓Jeremy有一個較具份量的頭銜，但未來公司的營運是否就順理成章傳子不傳賢了呢？其實來公司幾個月的Jeremy已預料此種情形會發生，因此每天他是公司最早到，更是最後關門的那一個，大家漸漸瓦解了防備及排斥心，逐漸地Jeremy已儼然成為名副其實的業務副理，真正跳脫家族企業色彩。可否請你假想自己是文中的Jeremy，你的一套做法是什麼？另外，若是Jeremy換成女性，情況又是如何？最後，談一談你所服務的企業是否有類似的狀況。

上班族充電站

全球第一 CEO 傑克‧威爾許的 23 個領導法則

領導法則1：堅守道德是你唯一能走的道路

領導法則2：管理少一點，領導多一點

領導法則3：大小不是問題，快慢才是關鍵

領導法則4：管理越少，才能管理得更好

領導法則5：自信讓你打遍天下無敵手

領導法則6：溝通無阻礙，想法無界限

領導法則7：「改變」才能向前進

領導法則8：踢人，但也要擁抱人

領導法則9：現在就要培養接班人

領導法則10：「深潛」到問題的最細節並研究到透徹

領導法則11：讓員工一起參與組織運作

領導法則12：讓合適的人做合適的事

領導法則13：面對，才能推動變革

領導法則14：「官僚」是可怕的敵人

領導法則15：獎勵成功，也要獎勵失敗

領導法則16：讓員工為願景奮鬥

領導法則17：非正式溝通能帶來不錯的成效

領導法則18：給我執行力，其餘免談

領導法則19：讓每個人都付出150％的努力

領導法則20：建立渴望勝利的激情

領導法則21：隨時隨地關心和培養人才

領導法則22：多跟別人交流學習就對了

領導法則23：持之以恆，終將到達成功

資料來源：管理雜誌第 418 期，P71

組織設計

學習目標

- 組織設計的含義、影響因素、原則、程序程方法。
- 組織變革的含義、動力與阻力、組織變革的模型及組織發展的含義與技術。
- 組織效能的含義、基本內容與組織效能的評價。

名人語錄

企業的板凳夠長,板凳球員夠多,才能打長期戰,我們要連年稱霸,不是打贏一季球賽就滿足。

(麗嬰房事長林泰生,摘錄自 93.5.19 經濟日報)
資料來源:突破雜誌第 227 期 P106

第一節　前言

　　要形成一個實際的組織實體，要確保組織運行和發展的真正效能，就應有合理的組織結構與組織運行，就需要適當的權力分配及人員配置，這一切工作都要依靠組織設計、組織變革和組織發展等來完成。組織理論以靜態的理論方式反映了組織現象的基本內容和基本規律，為組織技術提供了操作的指導和建議。

第二節　組織設計的意義與原則

　　在組織理論的指導下，組織設計綜合考慮員工狀態、具體環境和工作任務等情況，以組織目標為核心將它們協調統一起來，形成一個堅實的組織結構，從而為組織目標的實現打下堅實的基礎。

一、組織設計(Organization Design)

　　組織設計就是在組織目標的指引下以組織結構為核心的組織系統的整體設計工作。具體而言，組織設計就是以組織目標為基礎，將實現組織目標必需的各項業務活動分類組合，劃分出組織中不同的管理層級和管理部門，同時將管理各類組織活動所需的權力授與各層級、各部門的主管人員，並且規定各層級、各部門的相互配合與協調關係。

　　由組織設計的含義可以看到，組織設計的基本內容包括三個方面：第一、職務設計。根據組織目標的要求設計和建立一套組織內的職位系統。第二、群體設計。把組織內部相關個體及其活動組合起來形成群體，構建組織的各個管理層級和管理部門。第三、結構設計。這是組織設計的核心，主要是確定組織內部各層級、各部門等構成部分相互間的關係，明確各自的職權和義務，從而把組織內部各要素、各子系統上下左右地聯繫起來。

二、組織設計的影響因素

　　組織設計的目的是確認職務設計、群體設計和結構設計能夠合理地協調和管理員工的勞動與合作，而需要管理的組織活動總是在一定的環境中利用一定的技術條件、並在組織的總體戰略指導下進行的。同時，組織的規模、發展階段也會對組織結構提出相應的要求。因此，一般說來，影響組織設計的因素大致包括環境、戰略、技術和規模四個方面。

（一）環境因素

　　任何組織的存在都是以一定的環境為依託的。對於組織而言，由於面臨的客觀環境和特殊環境的不同，以及隨著時代變化而相應發生的環境變化，其內部設計必然表現出不同的特色。例如，對於結構設計而言，環境的不同穩定程度對組織結構的要求就不一樣：處於穩定環境中的組織，結構設計表現為機械式結構，管理等級體系嚴密、管理部門與管理人員職責分明、部門之間、層級之間權責關係相應固定；而多變環境中的組織多要求組織結構靈活，強調部門的橫向溝通而不是縱向的等級控制。環境因素對群體設計的影響也是十分顯著的。環境不同，組織中各項工作完成的難易程度及對組織目標實現的影響也是不同的，由此，各階級各部門分擔的工作重要性也就會隨之變化。比較而言，由於環境因素的存在，特別是社會大環境的發展所必然要求的社會分工，決定了組織不同的工作內容和工作任務，從而也就必然影響到組織的職務設計和部門設計。例如，原始社會和資本主義社會由於社會發達程度不一樣，社會分工形式也就不同職務和部門構成也不盡相同。如原始社會中祭師或巫師的權力極大，而資本主義社會的職務構成中就不可能再存在祭師的位置。即使在同一社會，由於政治的、經濟的、文化的、社會的環境因素影響，組織設計情況也不盡相同。如學校和工廠就不可能存在完全相同的職務設計和部門設計：學校以教育為主，它的組織設計就應突出教師職位和教學部門；工廠以生產經營為主，它就必須以生產部門、銷售部門作為設計重點。

（二）戰略因素

　　戰略是組織目標的實際表現，是決定組織活動性質和方向的目標，因此，組織設計不可能迴避戰略因素。

　　戰略因素一般從兩個層次上影響組織結構：不同的戰略要求不同的工作內容和工作任務，進而影響組織的職務設計；戰略重點的變化會引起工作重心的轉移，因而要求對管理職務及部門關於作出相應調整。一句話，一定的組織戰略對應一定的組織結構。錢德勒認為，各類企業組織的戰略發展一般經歷四個階段，從而要求相應的組織結構：

　　第一階段是規模擴大時期。企業或組織初建立時面臨的重大戰略是積累資金，擴大規模，通常只有一個單獨的工廠或場地，往往執行簡單的獨立職能。這種情況下，組織結構非常簡單，管理等級很少，一般只設立必需的管理部門。

　　第二階段是地區開發時期。隨著規模擴大，企業或組織開始擁有若干工廠分部，並在不同地區開展相同業務，從事同一職能工作。為了將分散在各地的組織有機結合起來，組織此時必須建立標準化、專業化的管理部門。

　　第三階段是縱向發展時期。企業或組織在行業基礎上進一步擴大功能領域、發展業務範圍，此時的組織結構設計也必須適應戰略要求。一般說來，企業或組織要根據自身性質和活動方向選擇成熟的組織結構，保證組織既能充分協調組織內的各項活動，又能有效適應外部環境的變化。

　　第四階段是多種經營時期。企業或組織在資金膨大、生產發展的條件下為有效地利用資金滿足變化中的市場短期需求和長期趨勢而步入產品多樣化、行業互滲化、服務綜合化階段，因而就會面臨資源的重新分配、部門的重新組合等新內容，這樣的戰略趨向也就必然要求建立與之相適應的橫向發展的產品型組織結構。

（三）技術因素

　　技術因素也是影響組織設計的重要因素。所謂技術，就是組織把原材料轉化為最終產品的過程中的機械力或智力活動條件。對於組織來說，由於性質、功能等的差異，擁有的技術是各不相同的，這對組織設計的很多方面都有影響，尤其在組織結構方面影響更甚。

　　技術對組織結構的影響，最明顯地表現在作為經濟組織的企業身上。J.伍德沃德以他在20世紀50年代對英國百家公司的調查資料為依據，認為按照技術複雜度可以把企業分為三種類型：單件或小批量生產型，如為單個顧客定制產品；成批或大批量生產

型，如用於裝配線的零組件的生產；連續或流水生產型，如化工生產。由於企業生產採用的技術不同，每一類企業的組織結構也就各有其特點，成功的企業都是那些能根據技術要求而採取適當結構形式的企業。J.伍德沃德通過研究發現，大量生產型企業多採用機械性結構，而採用其他技術類型的企業通常趨向於使用有機性結構（表11.1）。

▶ 表11.1　技術類型與組織結構的關係

技術類型 組織的 層次和特點	單件生產型	大量生產型	連續生產型
較低層次	不定型的組織	按照定型結構設計組織	按照任務和技術要求設計組織
較高層次	不定型組織，直線人員與職能人員間沒有明確區分	按等級結構設計組織，直線人員與職能人員間有明確區分	不定型組織，沒有直線人員與職能人員區分，管理幅度窄。
總體特點	管理層次少，管理幅度大，無明確等級結構	員工了解設計情況，有明確的工作分工和指揮線路	多層次的等級結構
成功因素	對市場變化的調查和適應	標準化產品的有效生產	產品開發與知識更新
關注焦點	外部	內部	外部
有效結構	有機、靈活	機械、定型	有機、靈活

在組織性質方面，由於技術的影響，特別是當今電腦技術的運用和資訊技術的普及，促使組織設計不只局限於單一的實體組織，而是發生了實體組織向實體組織與虛擬組織共存的變化。這種合作性的組織形式能使組織更有效地利用自身資源，提高資源配置效率，減弱企業內部存在的非效率影響因素，實現組織想實現而難於實現的目標。

（四）規模因素

組織規模對組織設計具有不可忽視的影響。一般說來，組織結構與組織規模呈正相關關係，但邊際相關度又呈遞減趨勢，同時，組織的規模往往與組織的發展階段相聯繫。因此，組織設計適應組織規模，實際上就是適應組織的發展，它們之間具有極大的相關性。

美國學者J・托馬斯・卡倫(J. Thomas Cannon)認為，企業的發展要經歷創業、職能發展、分權、參謀激增和再集權等五個階段，發展的階段不同，與之適應的組織結構也不一樣。在創業階段，決策權集中於企業高層，組織結構相當不正規。到了職能發展階段，決策權就越來越多地轉移到其他管理者身上，而最高管理者多集中精力於重大事務，這時組織的結構建立在職能專業化基礎上，各職能部門間協調要求劇增，資訊溝通的重要性日益突出，但難度也與日俱增。為了保證對內部的有效控制和對外界的靈活反應，企業以解決職能結構問題為重點，採用分權的方法，以產品或地區事業部為基礎來設計組織結構，使得企業內部出現許多具有相對獨立性的「小企業」。但分權階段大量「小企業」的存在，實際上形成的是不同的局部利益集團，它們漸增的獨立行為使企業的高層管理者有日漸失控的感覺。此時，企業就會發展到參謀激增階段，高層管理者為了加強對「小企業」的控制增設許多參謀和助手，但隨之而來的是參謀人員與直線人員的矛盾，它們時刻影響組織的指揮統一原則。在這種情況下，高層管理者為了協調和解決好二者的矛盾，就可能再度高度集中決策權力，從而使企業又發展到集權階段，此時組織結構也必須與此相適應。

三、組織設計的原則

設計事關組織實體的產生和運行、發展，是組織理論家關注最多的領域之一。在組織理論家和管理實踐者的共同努力下，組織設計在以適應組織各種影響因素和未來發展的要求為基本前提，既表現出各個組織獨特的個性和時代流動性，又呈現出普遍適用的共性，這也就是人們通常所言稱的組織基本原則：

（一）人事結合原則

組織設計的終極目的就是保證組織目標的實現，因此，組織設計首先遇到的是為實現組織目標而無處不在、無時不有的工作任務，要將這些任務和工作有機地設計、組合，使它們在組織目標的統領下構成一個有機的整體。但是，組織僅有工作任務存在是無法保證目標實現的，因為工作任務是靜態的實體或虛體，它們必須借助動態的力量才能運行，而組織中動態力量的實體表現就是組織中的成員。所以，組織設計的根本任務，就是要將組織中的人和事有機地統一起來，使組織目標涉及的每項活動內容都落實到具體的部門、崗位和員工，「事事有人做」，同時，根據組織中人力資源

的現狀和特點，保證有能力的員工都有機會去做他們真正勝任的工作，「人人有事做」。

（二）指揮統一原則

指揮統一原則是指每個下屬應當而且只能向一個上司或主管直接負責，而一個上司也只能指揮和領導他的直接下屬。這是由人類社會組織的內部分工決定的，只要存在社會分工，就必須確保指揮統一。只有這樣，才能防止政出多門、推諉扯皮，才能有效統一和協調組織內各層次、各部門的活動。

然而，組織管理實踐中卻經常發生破壞指揮統一原則的情況，其中最常見的是交叉指揮和越級指揮兩種現象（圖11.1）：

1. 交叉指揮

一般而言，根據指揮統一原則，B、C作為中層指揮者，只能向各自下轄的D、E和F、G下達指令。但是，實際生活中常有指揮者B向C的下屬F或G下達指令的情況，或者C向B的下屬D或E下達命令。這樣，B或C就越出了自己的權力範圍而侵入對方的職權領域，造成交叉指揮問題，破壞了指揮統一原則。

2. 越級指揮

依據指揮統一原則，A只能向B和C行使職權，但實際工作中出於效率或速度的考慮，A不通過B或C而直接向D、E或F、G發出指令，這就發生了越級指揮問題。

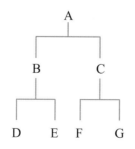

圖11.1　指揮統一示意圖

交叉指揮和越級指揮是組織設計中的大忌，它會破壞組織的穩定性和適應力，削弱或打擊管理者的積極性和創造性，不利於組織績效 的提高和組織目標的實現。

（三）層幅適當原則

　　任何管理者都有知識、能力、體質等方面的局限性，不可能同時直接指揮和協調成百上千人的活動，因而，組織設計必須合理確定管理層級和管理幅度問題。在組織規模不變的情況下管理層級與管理幅度是反比例關係，即幅度寬則對應層級少，幅度窄則對應層級多，在組織設計的結果表現中分別表現為高聳式結構（圖11.2）和扁平式結構（圖11.3）。

　　扁平結構與高聳結構不存在實質意義上的好壞之別，只是各有其優缺點和適用場合。對於窄幅度多層次的高聳結構來說，其優點是控制嚴密、協調容易，缺點則是上司過多干涉下屬的工作和活動，管理成本較高，而寬幅度少層次的扁平結構的優點是上級授權、政策明確、溝通迅速，缺點則是上級負擔過重，對下屬有失控傾向，對管理人員素質要求較高，等等。一般說來，高聳結構多用於現代技術使用不多的場合，尤其是較少使用電腦技術的組織，高層的管理幅度一般為4~8人，低層多為8~15人。扁平結構則隨著電腦技術的日益成熟和普遍使用而表現出優勢，使得組織的中層職能逐漸由電腦來處理和完成，從而促使管理幅度加寬而管理層級變少。

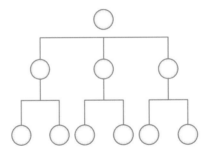

圖11.2　高聳式結構

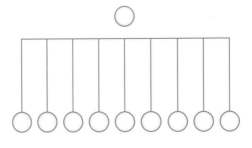

圖11.3　扁平式結構

四、組織設計的方法

　　組織設計是通過實際的操作程式和方法來實現的。設計過程中，在科學設計原則引導下，人們遵循合理的操作程式，運用恰當的設計方法，才可以將組織實體從頭腦中的初步設想變成現實存在。

（一）收集資訊，確定目標

　　有效組織設計的前提就是要及時、全面、準確地發現問題，科學、合理、正確地確定目標，這一切又取決於組織能夠充分收集環境、戰略、技術、人員等因素的變化資訊，全面把握成功組織先進的思想觀念、組織形式和行為措施、實施細則，積極吸取內部員工正常的資訊回饋和有益的建議與想法。在此基礎上，組織可以結合問題、針對矛盾調用自己可以支配的資源和條件，科學而有效地確定組織的活動方向和戰略目標，從而為組織設計的具體運作做好良好的前期準備和操作基礎。

（二）分解目標，劃分工作

　　組織在資訊收集基礎上確定的組織目標，只是一個總體、概括、方向性的要求，要真正實施組織設計，還必須進行目標分解，將總體目標具體化為諸多互相聯繫的次級目標，然後根據總體目標和次級目標的要求明確實現組織目標所必需的各項業務工作或活動，並將它們分門別類處理。

　　一般說來，在組織目標的統率下，組織的工作大致可區分為作業工作和管理工作。作業工作的劃分，主要採用三種方式：1.自上而下式。即以最高層次的管理者為出發點，層層向下進行劃分，直到作業階層為止。2.自下而上式。先將全部作業工作劃分成由若干個人擔任的工作專案，再將若干個人的工作合併為一個單位的工作，然後將若干相關單位歸併為一個部門，依次上推，直至最高管理層。3.流程劃分式。針對某項工作的流程順序，逐項考查工作的每一項基本作業，保證每一作業環節均有人負責。至於管理工作，由於各項管理均涉及計畫、組織、指揮、協調和控制諸多職能，因而劃分時必須分別處理。如計畫工作，既可以按照計畫的內容進行劃分，某一作業由誰領導，就由誰進行劃分；也可以根據計畫類型劃分，如組織的總體計畫由最高管理層決定，長期計畫由職能部門制訂，部門計畫則由部門主管擬定，等等。其他管理職能的劃分可依此類推。

（三）確定層級，設計部門

前面說到，管理層級的確定與領導者的管理幅度緊密相關。在組織設計的具體操作中，影響管理層級與管理幅度的因素主要包括：部屬的素質、主管的能力、參謀的功能和工作的性質，此外，管理技巧、溝通方式等也影響管理幅度和管理層級。

在確定管理層級的基礎上，組織設計必須進行組織中部門和單位的設立工作。根據每一管理層級的工作性質和業務特點，組織可以先設立部門，再具體劃分單位，也可以先設計單位，再將相關單位歸併成部門。在劃分和設立部門與單位的過程中，必須考慮許多影響因素，其中主要的是組織的業務類型和規模大小：組織的業務複雜，分工需要精密，單位一般較多，反之，則單位較少；組織的規模龐大，人員眾多，則單位和部門必然增多，否則就較少。

（四）授權予職，各負其責

在確定組織的部門和層級後，組織就應分別對它們規定職責、明確職權，使得各部門、各層級都擁有執行各自業務工作或活動的權力和責任，保證組織正常有序地運轉。

這一階段組織設計的核心內容就是在考慮組織生存和發展的相關因素基礎上，明確各部門和各層級的權力範圍、解決各層級、各部門之間領導與被領導、命令與執行的關係，建立起合理、有效的權責體系。由於決策權歸屬的不同，這時組織設計最主要的工作就是考慮集權與分權的程度，從而分別形成集權體制和分權體制。

（五）設計結構，配備人事

在完成上述各項工作，尤其是完成職務設計，群體設計工作後，組織設計就到了最核心的階段，即結構設計階段。此時，組織通過權責關係和資訊系統把各層級、各部門聯結成為一個有機的整體，建立起一種適合組織成員默契配合的組織結構，其最終成果表現就是一系列的組織系統圖和職務說明書。組織系統圖描述的是一個組織內部的各種機構（包括層級和部門）及其相應的職位和相互關係，而職務說明書則詳細規定各個職務的權力、責任以及與該職務相關的上下左右各種關係。

　　有了組織系統圖和職務說明書，組織就可以根據具體要求，按照「事事有人做，人人有事做」的人事結合原則，在組織各層級，各部門配備員工，從而賦予組織以活力和生機，推動組織有效運行。

　　綜上所述，正式的組織設計一般要經歷確定目標、工作劃分、確定層級、授與職權和結構設計五個步驟。這裡必須注意的一點是，組織設計不能僅僅停留於正式組織方面，還必須重視非正式組織現象，要有意識、有計畫地促進某些具有較多積極意義的非正式組織的形成和發展，在時機成熟和條件許可的情況下，可將其中一些非正式組織轉化為組織設計的有機組成部分。

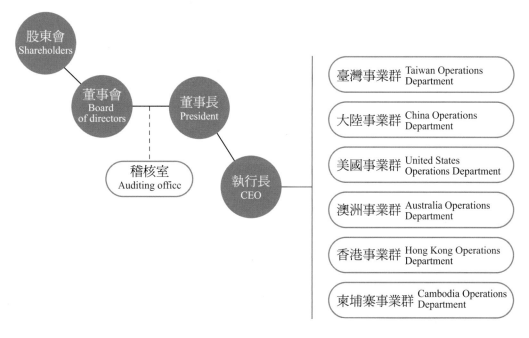

85度C的組織架構，完整的組織設計，將帶領員工成長與自我實現

職│場│話│題

行動辦公室

不只是辦公而已！

你能想像，上班時間，總經理就坐在你旁邊的辦公桌辦公，想必那天上班的心情如坐針氈？整天戰戰兢兢、連廁所都不敢上？不要懷疑，這一幕工作景象在信義計畫區辦公大樓上演著；打破傳統辦公室倫理，總經理和財務長不但沒有專屬化辦公室，還和一般員工一樣，沒有專屬的辦公桌，所有人都在同一個辦公空間一起工作，一場新型態的辦公室革命正式引爆。

在辦公租金居高不下的情況下，如何有效運用辦公空間，成為企業控制成本關鍵之一。尤其是以行銷業務掛帥的公司，為每一位經常外出的業務人員準備固定的辦公空間及設備是相當可惜的，因此，有許多高科技公司（例如惠普、昇陽電腦等）已率先引進無固定座位方式工作，希望透過彈性的辦公方式，創造出更大的空間設置更多的會議室或展示中心，有效增進工作整體坪效。

身為家用品龍頭老大的寶僑家品股份有限公司(P＆G)，本身雖不是高科技業，但以其在全球各地（美國、英國、新加坡）辦公室的經驗，3月初新遷移的辦公室也朝「行動辦公室」方向進行。

打破過去的工作藩籬，寶僑所有員工（包括老闆、高階主管等）均要重新適應新的工作型態，為此，歸納出面臨的困境有下列幾種：

一、權威感消失：傳統對於權威感的建立主要來自座位的大小，如今上至總經理、財務長，都沒有專屬辦公空間，平常都得和一般員工坐在一起工作，這是一大挑戰。

二、學習做個大人樣：行動辦公室把傳統部門的藩籬全打開，主管不一定隨時地看得見部屬做什麼事。

三、失落的歸屬感：換了不同的工作環境，加上不如以往專屬的座位，心中難免燃起一股失落感。

行動辦公室對寶僑來說，其好處還包括：

一、打破部門疆界：過去以隔間做為部門區隔，每個人就像縮在小方格中，辦公室如同小棋盤，彼此有距離感。

二、工作坪效提高：以寶僑為例，新辦公室占地1,088坪，比過去的坪數小，但由於打破所有隔間，開放式的辦公室相對顯的更有空間感，目前共設置200個辦公座位，即使未來人員大幅成長，也不會有空間不足的問題。

三、拉近主管與部屬的距離：上至總經理，下至一般職員，一律都在開放式空間辦公，異於以往主管有專屬的辦公室，去除部屬跨不過辦公室的心理障礙，彼此溝通不會再有隔閡感。

寶僑充分把握此優點，在走道兩邊規劃出18間主題會議室，並為每個會議室命名，如"Win in the world, Made in Taiwan"，「立足台灣，贏得世界」，或是"Cloud Gate"雲門舞集等。

這18間會議室除了接待客戶的目的外，加強軟、硬體的規劃與安排，融入企業CIS或Slogan，可因此強化訪客對公司形象的認知，增進彼此業務合作的關係。

同樣是看中了會議室可發揮的功效，BBDO董禾國際廣告公司於2002年新遷移的辦公室，規劃出5個用以激發創意的Idea room，分別為之命名為酒場、遊樂場、SPA場、風月場、未來場，從創意的角度出發，引發無限的思考。

由此可知，會客室不單只是接待訪客或開會的空間，如果善加利用，賦予它成為公司對外行銷、宣傳的使命，甚至可藉此成為教育員工的工具，真正提高企業整體的價值與形象。

資料來源：苑碧珍，突破雜誌第 226 期，P 104~107

─ 心 靈 小 站 ───────────────────────

空花盆的誠信

　　法國有一位深受人民擁戴的國王，由於他的智慧與仁德，使得人民安居樂業，但遺憾的是國王膝下沒有子女，他決定在全國挑選一位孩子作為他的義子，栽培他成為國王的接班人，但國王選義子的方式很特別，他發給每一個孩子一些花種子，告訴他們如果誰能培育這些種子成為美麗的花朵，誰就能成為國王的義子，孩子們取回種子後，開始一連串精心的培育工作，從早到晚，用心澆水、施肥，每個人都希望自己就是那一位幸運者，其中一個孩子名叫「約翰」，在經歷了一週、一個月後，都發現花盆裡的盆子毫無動靜，連種子發芽的現象都沒有，他的母親建議他更換盆裡的土，看看能否有奇蹟，但是終究沒有開花。直到了國王觀花的日子，許多穿著美麗衣服的孩子們，手中捧著盛開花朵的花盆前來國王的面前，國王用期待的目光看著每個孩子，此刻的約翰也在現場，不過他是沮喪著站在角落，捧著空空的花盆，但是此刻的國王，臉上忽然展露了笑容，開心的抱起約翰說：「親愛的孩子，我想找的人就是你！」此時，現場一片噪聲，大家覺得奇怪，為何沒開花的花盆，卻能中選！大家不解的問國王，到底怎麼回事？仁慈的國王說：「其實，我發下的每顆種子其實都是煮過；根本就不會發芽。」捧著鮮花的孩子們全都低頭，只因他們另外播下其他種子。看到此處，我們可以體會到「誠信」是面對考驗的因素，領導者或是組織，在面臨競爭者時，是否能堅守規則，保有人性的可貴？誠信，往往是員工與消費大眾認定的條件！看完這則故事，你是約翰？還是其他的孩子中的一個？

※心靈筆記※

_____

_____

_____

_____

_____

_____

_____

第三節　組織變革(Organizational Change)

組織一旦建立，一般應保持相對的穩定性。然而，組織無時無刻不受環境的發展變化的影響。因此，組織必須主動適應環境的發展要求，適時調整和改善自身，以保證組織的健全發展和目標的有效實現，這就是組織變革要研究的主題和目的。

一、組織變革的含義

組織變革就是組織為適應環境的變化發展而對自身進行調整和修正的過程。

1. 組織變革是適應環境變化發展的自覺的行為過程

組織變革的目的是為了適應環境，使組織能繼續存在發展下去。組織變革處處存在，無一組織能夠倖免。面對環境變化須積極應對，即調整自身靜態結構和動態行為，使其與環境相適應，是組織在現代競爭激烈的社會中繼續生存，免遭淘汰命運的萬全之策。

2. 組織變革是一個不斷應變的循環系統

組織變革從組織內外環境的變化發展導致組織失衡開始，到形成一個更能適應環境的組織結束。這構成一個組織變革過程。但是，組織面臨的環境在多元社會中是變幻無常的，因此組織的自我調整與修正也不可能是一勞永逸的。組織變革一旦停滯，組織也往往已失去生機活力直至結束而告終。

二、組織變革的動力

組織變革是組織適應環境的行為，其根本動力是外部環境的變動。環境的變化和發展，時刻對組織施加影響，同時促使組織內部條件也發生各種變化。所以組織變革的動力可以歸納為兩個方面：外部環境的發展及由其引起的組織內部條件的改變。

(一) 外部環境因素

組織變革的影響因素極多，其中外部環境因素是極為重要的部分。在外部環境因素的影響下，任何組織都必然或遲或早地面臨變革的壓力，否則，都將被外部環境無情地放棄。

　　構成影響組織變革的外部環境因素極多，主要包括政治、經濟、社會和技術四大因素。

1. 政治因素

　　政治因素表現為國家的方針和國際關係，它們對任何組織都會提出變革的要求和施加變革的壓力。尤其在當今社會，國際世界實際上正在逐漸成為一個政治經濟聯合體，每一政治實體都與其他政治實體相互依存、相互影響。一旦某一政治實體發生變故，必然對其他政治實體產生影響，進而波及組織的生存和發展，這使組織不得不作出相應的變革。例如，前蘇聯的解體幾乎對美國所有的國防工業都帶來巨大衝擊，迫使該行業的眾多公司進行重大的結構和業務調整。

2. 經濟因素

　　經濟因素是與政治因素同等重要的變革動因。經濟的每一步發展變化，都會對組織產生巨大影響，促進組織的變革和優化。現在的人類社會，無疑是一個經濟一體化的世界，一個國家、一個地區的經濟波動和危機，如墨西哥的金融危機、亞洲多國的經濟危機，都影響到全球許多國家，從而迫使許多企業或組織不得不大面積地調整結構和人員。同時，經濟全球化就意味著競爭不分國界，也意味著組織一方面必須與傳統對手競爭，另一方面又面臨具有創新優勢的後起之秀的挑戰。要在這樣的經濟環境中生存和發展，成功的做法就是根據競爭情況作出相應的組織變革。

3. 社會因素

　　社會因素包羅萬象，既涵蓋社會階層、宗教集體、政黨團體、社會趨勢、群體心理、價值觀念等，實際上是一個政治、經濟因素影響下發展起來的綜合體和共同體。社會因素的變化和發展，對組織的影響是極為明顯的，有時甚至波及組織的目標選擇。例如，離婚率的上升，導致單親家庭數量增多，促使市場對於購屋型態和其他消費品的需求也隨之變化，從而影響到房地產等行業等，為它們的發展提供了巨大的機遇和挑戰。

4. 技術因素

　　不同的技術要求不同的組織，不同的技術水平對應不同的組織結構。當今社會，技術是人類進步的動力之一，因科技進步而來的勞動方法和方法的變化每隔一定時間就會對社會生活產生一次革命性的衝擊。尤其在知識經濟時代，知識、技術的作用日

益顯現，它們促使勞動內容、社會分工、人員素質等發生一系列變化，要求組織作出相應的調整和革新。例如，由於電腦技術的普及，許多企業用自動化管理來取代傳統的直接監督，使得管理人員的控制幅度更為廣泛，從而促使組織結構日益扁平化和無邊界化。

（二）內部條件因素

考察組織變革的動力，不僅要考察外部環境，還要考察內部條件，組織變革經常是這兩大因素作用的結果。引起組織變革的內部條件因素很多，其中重要的有人員素質、組織文化等，它們的變化，將會導致組織在目標、溝通、結構等方面的調整和變動。

1. 人員素質

任何組織形成的基本條件是人，無人則無組織。在組織運行過程中，組織成員在社會變革和文化教育的影響下，文化水平、工作技能、思想觀念等素質因素也會發生變化。為了適應這種變化，組織應進行相應的變革。例如，在人員素質較低的組織中，組織成員一般易於接受專制性領導方式，但一旦該組織由於許多高素質人員的加入或員工接受培訓而使得組織的人員素質普遍上升，則原有的專制性領導方式就可能受到抵制，組織也就不得不尋找其他有效的領導方式。

2. 組織文化

組織文化表現為組織共有的價值體系和心理特色，是組織長期活動中形成的為組織成員普遍認同和廣泛遵循的具有獨特組織特色的價值觀念、團體意識、思維模式和行為規範的總和。組織文化的存在對於組織的自我內聚、自我調控、自我改造具有極重要的作用，它深刻地影響到組織的任務、結構、員工等方面。因此組織一定要以組織文化為基礎進行變革，使組織行為順應組織絕大多數成員的價值觀念和態度體系，確保員工的高昂士氣和良好的組織氣氛。

三、組織變革的阻力

組織變革經常面臨內外的各種阻力，大至所在內外環境和條件，如政治干預、權力體制、資源限制、風俗習慣等，小到組織內部門和個人的得失計較、思想觀念等因素。從積極意義上講，組織變革的阻力使組織行為具有一定的穩定性和可預見性。

在阻力存在的情況下，組織變革會變得理性和周密，它將充分考慮各種環境因素的影響，正確處理組織變革帶來的得失調整，盡力滿足組織內外各種合理要求，從而為組織的發展提供一個良好的環境支援。當然，組織變革阻力的存在，對組織生存和進步的消極影響也是極為明顯的，它阻礙了組織的適應能力和發展機會，而且發展到嚴重程度時，將成為組織失敗和消失的重要因素。

（一）組織變革阻力的構成

傳統的看法認為，技術因素是人們反對組織變革的最基本的理由，人們認為技術的進步會導致他們失業。然而，勞倫斯的研究表明，人們反對變革的理由，與其說是技術的，不如說是人性與社會的。

1. 惰性習慣

「多一事不如少一事」，是人們的惰性心理的通俗表達。一般說來，個人在日常生活和工作中形成的習慣性模式和行為方式具有明顯的惰性，它促使人們總喜歡按固有觀念和習慣方式分析和解決問題。一旦組織變革涉及固有觀念和習慣行為時，個體就會產生焦慮、不舒適的情緒體驗，促使人們對變革產生心理抵觸。

2. 安全需要

人的心理機制具有追求安全的傾向，而變革通常會讓人在心理預期中感受到未來的不確定性，破壞原有的安全感與內心平衡，使其對前景產生憂慮、消極的假設，極易成為組織變革的心理阻力。

3. 既得利益

當變革可能會損害組織中某些個人、部門或小群體的既得利益時，就會遭到強烈的反對。譬如，權力的縮小、地位的降低、勞動強度的增加、工作自由度的減弱都可能會使人們不願意變革。

4. 群體行為

組織變革通常會受到組織內部小群體規範的牽制。一般情況下，如果個體樂於接受組織變革，但其所在群體要求抵制時，個體就可能接受群體的安排，這就是由個體的社會性決定的從眾心理的表現。

（二）組織變革阻力的克服方法

組織變革阻力雖有其積極的一面，但消極影響是絕對不容忽視的。因此，在充分利用有利方面時，還應當想方設法克服消極作用給組織變革和發展帶來的不利影響。通常情況下，組織變革推動者可以採用四種策略和方法克服或減少變革阻力。

1. 宣傳教育

組織變革時，領導者或管理者要採用個別交談、小組討論、群眾會議等形式向組織成員宣傳變革的必要性、成功的可能性、給人們帶來的預期收益，強化大家對變革的認識，激發員工對變革的熱情，增強人們對變革的信心。

2. 鼓勵參與

心理學研究證明，人們喜歡從事自己能駕馭和控制的活動，他們捲入某項活動的程度越深，則承擔責任的意願越強。對於組織變革來說，組織成員一般很難抵制由他們自己參與作出的變革決策，因為這一方面表現了參與者的主動地位，盡可能考慮了他們的合理要求，另一方面參與過程有利於改變人們的固有觀念，從而認同和支援變革。

3. 建立典範

組織變革最好要表現循序漸進、逐步推行的原則。變革者在進行全面組織變革前，必須首先進行變革，通過成功典範的建立向人們展示變革帶來的預期實效和收益，顯現出解決變革和典範建立過程中群眾擔心的問題，以事實說服群眾，用實際效益打動人心。

4. 操縱與強制

組織變革過程絕不是一帆風順的，當阻力強大到足以阻止一切變革行為時，組織就必須採取斷然措施推動變革的順利發展，其中重要的方式就是操縱與控制。操縱是隱性地施加影響的行為和過程。例如：歪曲事實、封鎖消息、製造謊言等均可作為改變人們變革前後心理阻力的操作方法。強制是在一切策略失敗的情況下不得已而使用的策略，它通過直接對變革抵制者實施威脅和壓力的方法促其接受組織的變革決策。在實際工作中，操縱與強制方法極易導致不良後果，因此使用時務必倍加謹慎。

四、組織變革的模型

第二次世界大戰結束以來，許多學者對組織變革問題進行了大量深入的理論探討，其中最早進行這方面研究的是勒溫，他於1947年提出了組織變革三階段模型。在勒溫研究工作的推動下，管理學、心理學、社會學等方面的許多專家從各自立場、觀點出發對組織變革進行了廣泛的研究，提出了許多新的變革方法和模式。

（一）勒溫的三階段組織變革模型

勒溫認為，組織變革的任務就是轉變人們的觀念、態度，一般需經歷變革和處理變革的過程，因此，他將組織變革一定時期內發生的一系列組織行為和心理活動分為解凍、改變、再凍結三個階段（圖11.4）。

圖11.4　三階段組織變革模型示意圖

1. 解凍階段

解凍階段的任務是激發人們要求變革的動機。在解凍過程中，組織通過否定舊的思想觀念、消除妨礙變革的阻力等方法，改變人們已有的相對固定的思想、態度和行為，促使組織成員接受新的觀念、新的思路，為組織變革的順利推進打下基礎。

2. 改變階段

改變階段是組織變革的關鍵環節，它主要指明變革的方法和方向，實施具體的改革方案，同時通過認同、內化等方式促使組織成員形成新的價值觀念、態度體系和行為模式。在改變過程中，組織多通過榜樣示範、培訓教育、規章制度等方式來推行組織變革的既定方案。

3. 再凍結階段

再凍結階段主要是利用必要的強化方法，促使組織已經實現的變革穩定下來，讓新的態度與新的行為得到維持和鞏固。在這一過程中，強化措施的正確運用是最重要的內容。一般而言，為了使變革成果有效得到鞏固，組織必須重視漸進強化、群體強

化等方法的運用，同時根據變革成果階段性形成的特點，在不同的變革時期內採用不同的強化模式：在組織變革塑造新行為方式的初期採用連續強化模式，只要出現合適的新行為即予以獎賞和鼓勵；後期鞏固新行為階段則使用斷續強化模式，適宜的新行為出現後要經歷一定時間間隔，或在若干新行為出現後才進行鞏固和強化。

組織設計影響主管跟部屬之間的關係、溝通的順暢，同時橫向的聯繫也取決於組織設計的規劃

職|場|話|題

放眼世界，一探遠距商戰藍圖

　　COVID-19疫情期間，跨國科技龍頭蘋果公司要求員工每周安排三天進公司，員工抗爭滿城風雨。面對遠距工作趨勢，推特、臉書反其道而行，保留遠距辦公的選項，並且調整薪資結構。可見疫情衝擊了企業思維面對企業遠距的佈局。

　　臉書創辦人Mark Zuckberg推出2021年的震撼彈—2021年10月將完全復工。旗下60000名員工可以自由選擇遠端工作。近期創辦人Mark Zuckberg抱持開放心態、調整公司體質。預計在2031年讓50%員工維持遠距辦公，近一步成立諮詢委員會來因應遠端工作的員工需求，同時持續評估內部人際關係強度以及遠端協作效率。

　　微軟公司提出工作趨勢指數調查：結果全球73%員工希望繼續遠距辦公；在臺灣也有66%的員工抱持相同想法。遠距辦公理當成為工作新選項，領導人勢必建立新型態人力資源管理供應鏈，以內部思維及新結構來扭轉既定的框架。

資料來源：賴筱嬋，貿易雜誌，第 363 期，P8~12

第四節　組織效能

　　無論是組織設計還是組織變革，以及組織的其他活動和行為，它們的考核標準和根本目的都表現為組織效能。對於組織來說，效能狀況是組織技術和其他組織行為最重要的測量指標，是組織目標實現的決定性因素。

一、組織效能的含義

　　組織效能是一個表現為靜態標準的動態概念，是組織在適應環境變化、追求實現組織目標的過程中顯現出來的組織系統的有效性和組織活動的行為能力。概而言之，組織效能就是組織的有效性情況，它的實質是以組織動態的活動與行為為基礎的價值判斷。

　　以組織效能的概念為基礎，可以歸納出組織效能的三個特徵：

1. 有效性

　　有效性是組織效能的關鍵特徵和核心內容，是組織效能靜態標準的實際表現形式，它以組織系統和組織行為的工作效率、經濟效益、社會效果等作為考核依據和評估內容。

2. 適應性

　　組織效能是以組織有效適應環境變化的能力為基礎的，適應性以動態形式表現了組織效能的這一內容。組織必須隨環境的變化時刻調整和糾正自己的活動和行為，確保組織行為緊跟環境發展趨勢，促使組織活動始終圍繞目標運轉，以組織行為的高度適應性來保證組織系統的高度有效性。

3. 動態性

　　效能通過靜態標準來刻劃動態行為，但是，無論是有效性還是適應性，它們都必須在組織時刻不斷的運行中來檢查和評估，組織的動態運行構成人們考察組織效能的現實基礎。

二、組織效能的基本內容

組織行為的效率、效益和效果構成組織效能的基本內容，它們是組織效能實際考核中的理性操作標準。

（一）組織效率 (Organizational Efficiency)

組織效率是組織運行中使用或消耗的資源與最後實際成果之間的比率。它主要是從量的角度來考察組織的效能，通常以單位成本產生的最大成果或單位成果所需要的最小成本作為評估的基本形式。

在組織活動中，任何組織都不可能離開對活動效率的追求，都力求以最小的投入取得最大的產出，這是因為效率因素是組織目標實現的行為基礎，基於良好效益和效果的組織效率是確保目標實現的核心。一般說來，要考核組織效率，應該從組織活動的全部過程、具體環節和員工個人等方面入手。也就是說，組織效率既表現為組織全部活動的總體效率，它通過組織活動涉及的全部投入和全部產出間的比率來表示，又要具體到組織活動的各個環節、各個崗位、各個個人，因為組織中各部門、各員工的活動效率是組織整體效率的基礎和前提。

（二）組織效益 (Organizational Benefit)

組織效益是組織活動實現目標的程度，對於企業來說，它表現為經濟效益；對於行政機關來說，它更多地表現為政府提供給社會的服務質量。從本質上講，組織效益與組織效率的區別就在於它強調的是行為的實際收益，是一種從質的角度考察的組織效能。

對於組織來說，取得實在的收益是組織活動的核心追求，沒有效益的效率是無用之功，有時甚至是災難性的。事實上，現在的組織管理者已經放棄過去僅著眼於效率的短視行為，他們認為組織行為的重點應在組織活動的實際收益和現實成果。當然，考核組織效益並不是一件容易的事，主要是由於它與組織的目標實現緊密聯繫，是在對組織活動的實際結果和理想結果進行比較後對組織活動實現組織目標的程度性分析，其中有許多不可控影響因素。首先是預期目標的影響。組織效益一般都是以預期目標為基礎來衡量，如果組織的預期目標明確而具體，則組織效益就具備較好的可比物件。但現實生活中的預期目標由於預測方法、認知局限、環境影響等因素的干擾而

無法保證實在的明確性，這就極易造成預期目標的模糊不清或前後不一，從而影響組織效益的評價。此外，組織活動的效率、評價者的主觀認識也會對組織效益考核產生重要的影響，凡是影響效率和認識的因素也會影響組織效益，這是組織在實現和評判組織效益時也必須重視的內容。

（三）組織效能 (Organizational Effect)

組織效能是組織活動實現目標後對社會產生的作用或影響，側重於組織效能的社會後果。從一定意義上講，組織效益和組織效果雖然都是從質的角度考察組織效能，但二者的著眼點是不同的：組織效益多表現為量性的質，組織效能則表現為內涵的質，它考察的是組織活動與人類社會的直接聯繫，是一種高層次的質的規定性，無法完全用量化方法進行測量和評價。

在組織的管理過程中，效率和效益歷來是人們重視的中心：效率意味著目標實現的具體保證，效益代表著目標實現的核心內容。然而，現代管理理論認為組織的重心應該放在追求效能方面。彼得・F・德魯克指出，所有組織雖然都需要效率支援，但是，它們的基本問題不是成本，而是缺少效能。赫伯特・A・西蒙也認為，組織決策不能單純建立在效率方面的思考上，在決策過程中，效率原則與效能原則是組織必須共同追求的決策目標。從現實的角度看，在組織的活動過程中，效率、效益與效能都是不可偏廢的重要內容。沒有效率與效益的組織行為，效能也就成為一句空話；反之，效率和效益必須以效能為前提來獲得，否則，組織的效率和效益越高，則對社會造成的不良影響甚或災難性後果就越嚴重。現今為了追求豐裕的物質享受，人類無節制地向大自然索取和掠奪，力求以最大的效率實現最好的效益，這樣做的結果是災難性的，人類雖一時滿足了自己的需求，但由此而來的卻是更為嚴重的問題：資源枯竭、環境惡化、人滿為患、爭戰不已，諸如此類的現實讓人類終於認識到追求效率和效益的發展絕不是人類的唯一目的，人類要追求的發展目標應是效率、效益與效能的協調發展，是社會、經濟和環境各方面的可持續發展。

跨國企業的管理，更重視組織效能

照片提供：劉亦欣、張揚周

自 我 省 思

1. 組織設計應考慮哪些因素、遵循何項原則、按照怎樣的程式進行？

2. 組織變革的動力與阻力分別有哪些？如何克服變革阻力？

3. 組織效率、組織效益和組織效果三者之間的關係。

4. 在你所知的企業中，哪一個企業的組織設計很有效能並收集相關資訊？

5. 若有一天你當老闆，你認為組織設計，最重要的原則是什麼？

6. 你認為合併所造成的人員問題有哪些？

7. 你害怕組織變革嗎？你會如何因應？

心 靈 劇 場

在組織結構圖中比較管理幅度

　　管理幅度是很容易從公司的組織結構圖中直接觀察到的。這個練習將有助於了解和比較你所在公司的管理幅度。

【說明】

1. 把班級分成人數相等的四組。

2. 把下列行業類型中的每一個分到每個小組：製造業、金融機構、公司事業和慈善事業。

3. 分配給每組的行業中，確認每一個學生都找到一家公司。考慮選擇較大的組織，因為它們有正規組織結構圖的可能性較大。例如，如果「金融機構」小組有五位學生的話，那麼就指定五家不同的銀行或金融機構。

4. 每個學生必須到網上去查詢公司資料，並找其組織架構圖。

5. 在小組內討論的組織管理幅度。

6. 在班內比較各個小組的調查討論結果。

【討論題】

1. 在網上查找組織結構圖的難易程度如何？

2. 你發現管理幅度有差異嗎？

3. 在不同的組織層級上管理幅度有差異嗎？如果有，那麼差異何在？所有的行業團體都同樣有這些差異嗎？

4. 各個行業團體的管理幅度的差異何在？

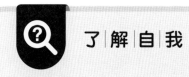

了 解 自 我

當你遇到組織變革時

　　面臨組織變革現實，其中最基本的步驟之一就是辨識變革的阻礙，那麼，一旦這些阻礙被確定以後，我們就可以考慮克服它們的方法。這個練習將有助於你順著這些思路進行思考。

【說明】

1. 把班級分成六人左右一組的小組，並且每組圍成一個圈。

2. 每組都要考慮下列情境：

　　情境A：一所企業正在引進一個全新的進銷存系統，以替代傳統方式作帳（因七成未學過電腦）。

　　情境B：一個在公司工作多年且受人愛戴的員工要退休了，外來的新進員工將代替他。

3. 針對每一情境，討論三種主要的變革阻礙。

4. 為每一阻礙確定一種克服的方法。

5. 對每一小組的結果加以記錄，並將它交到班中進行討論。

【討論題】

1. 每一情境中的變革阻礙相似還是不同？

2. 每一情境中克服變革阻礙的方法相似還是不同？

3. 情境的特性會如何決定阻礙的類型及克服它們的難度？

職│場│話│題

另類訓練風靡企業

　　跑操場、空中拋人、爬電線桿、尋寶、烹飪、攀岩溯溪、靜坐⋯可別小看這些活動，這可是企業別出心裁的教育訓練方式。

　　企業教育訓練千奇百怪，花招不少，有的以地獄般的訓練來「磨」練員工：有的要求高階主管爬電線桿學習管理技能：有的則是以潛心靜修的禪道來訓練員工專注力及創意，更有以具「象徵意義」的另類訓練方式，讓員工體悟工作的哲學根源。

每天都有人落跑的「魔鬼訓練營」

　　王品集團依職位等級不同，有各自必修的學分，區經理必須修完206個學分，店經理190個學分，總經理處的行政人員96~116個學分。其中，可怕的「魔鬼訓練營」占三個學分，若要成為王品集團的中高階幹部，這場地獄式的試煉與洗禮是逃不掉的。

　　入營後的第一個動作，就是集體宣誓「打不還手、罵不還口」，開發潛能，登峰造極。隨後，基本教練先操個幾回，為下午的「潛能開發」訓練作準備，在煉獄般三天兩夜的營隊開跑前，先來個「記憶力大考驗」，王品65字學習箴言請牢牢記住，若背誦得不流暢，就「繞著柱子跑百米」。跑完後再背一次，跑的同時還要大喊：「某某某，你不夠努力，你可以更好，一定會成功，加油，衝啊！」如此循環，直到背得流暢為止，中間這段辛苦的過程，是不允許休息、喝水，甚至是到廁所解放的任何行為，直到所有成員全數通過「記憶力」、「耐力」和自我催眠成功後停止。

　　不過，真正的惡夢才正要開始。

第一天，逐步邁入人生最大的考驗。

　　話說魔鬼訓練營練過五關攻山頭的活動，很少有人能撐得住，「幾乎每天都有人要落跑，」張勝鄉說。一旦轉導溝通失敗，決定退出，這也就注定了必須離開王品的命運，王品集團的幹部們認為，就算再怎麼苦也要忍下去，「沒通過這場訓練的人，沒有資格成為王品精實部隊的一份子。」

第一關：賣花郎與賣花女

　　隊員們會先領到拼圖，用最短的時間拼出地點的樣子（通常是士林站），關主將花籃交給隊員，在一定的時間內將花賣完，此為訓練業務人員的能力及膽量。

第二關：劍潭站，敬禮！

　　雖然引起側目，不過張勝鄉認為這是訓練員工「膽識」的好方法，同時也是打響王品專業精神的另類方式。

第三關：圓山下，好漢來

　　這關將隊員以八個為一單位分組，每組分給兩個各20公斤的沙包，並發給兩瓶水及攀岩繞壁的繩索，如果想要吃今天的晚餐，首先要以繩索將成員緊繫在一起，攀越過險峻的圓山嶺，同時還要沿途留意線索，取下5面旗方可過關。

第四關：藥師寺汲水

　　每個人必須設法從溪水中汲取兩桶水，這兩桶水必須提得很滿，水離桶緣的距離不能超過1~1.5公分，否則魔鬼教練可是會再幫你加水，提的過程一定要很小心，從溪邊橫越至藥師寺，要做到滴水不漏。張勝鄉說這是訓練員工專注力及穩定力（別忘了王品牛排是要端盤子的，每個盤子都很重），以及吃苦耐勞的精神。

第五關：直攻圓山山頭

　　過程驚險萬分，捨棄爬山步道，王品選擇最天然的通道讓員工們越過圓山嶺，途中需要使用繩索、扣環等，全員同心協力才能攻上山頂。

　　然而，五關過完後，通常早已接近深夜，12點、1點跑不掉。在解下一天的辛勞前，魔鬼教練還是不忘記要再「小操一下」。女的仰臥起坐，男的伏地挺身，30分鐘後床上躺平，簡直比當兵還操。

第二天，人文武的魔鬼訓練。

　　雖然標榜「人文」，但魔鬼依舊。5點半，全員起床，5千公尺開跑，為要求「軍容壯盛」，張勝鄉說每個人都要面帶笑容，邊跑邊唱，約莫7點鐘結束晨跑。接下來就是一系列的「人文魔鬼訓練」，首先登場的是「劇場式的人際關係訓練」，以劇場肢體訓練的方式，讓你了解自己的身體，學習愛護、照顧好自己的身體，在伸展、感觸自己的身體時，還要輕聲地向身體的每個部分道謝：若要照顧別人，先照顧好自己。

爬電線桿？高階主管怕怕

「什麼！若要往上升，就得往上爬…」，沒錯，這就是中國石油對即將「高升」的高階主管進行的考驗。聽起來好像是電視頻道的AXN「誰敢來挑戰」的節目內容，不過這可不是遊戲，而是中油主管步步高升的教育訓練之一。

爬電線桿，想當然爾一定會很「高」，許多高階主管在接受此項訓練前幾乎都會感到一陣腿軟無力，如何克服人類懼怕高度的天性，正是中油要訓練主管們突破心魔，克服恐懼，不要因為害怕而躊躇不前，甚至放棄大好機會。

用烹飪培養員工「美的品味」

美是什麼？「如果只是單純讓員工上上彩妝課程，效果不大。」L`OREAL台灣人力資源部總經理郭秀君認為，美的訓練應當從日常生活做起。位於新加坡的亞太訓練中心，訓練員工對美的品不是透過胭脂水粉的展示，而是以「烹飪」來訓練。訓練單位會提供所有素材，每個小組成員運用素材，發揮創意組合，將一盤盤「美麗」的菜端上桌，再由藝術師、講師們評分講解。評分的內容不在於菜本身美味與否，而是菜的賣相好不好，從擺盤、配色、裝飾，都是L`OREAL訓練員工對「美」的品味與呈現教育訓練內容。

身為L`OREAL的成員，不是打扮得美美的坐在辦公室裡，郭秀君說L`OREAL需要的人才除具備美的品味外，還得吃苦耐勞，不怕困難。因此他們每年都會舉辦溯溪或攀岩訓練，由總經理領軍，帶領幾乎清一色的娘子軍們，上山下海，「不時會聽到女孩子的尖叫聲，」少得可憐的男性同胞要負責捍衛女性員工的安危，不過這群娘子軍叫歸叫，勇氣可不小，郭秀君說她參與的每一次，女生們的表現都令人佩服。

寶藏 GPS 定位，訓練「知識分析」能力

福特六和汽車人力資源部與學習發展部，每年無不絞盡腦汁想些新奇的點子培訓員工，讓員工能在歡樂的環境中學習成長。福特六和學習發展部副理劉農華說，2004年的新點子就是引進國外現正盛行的GPS衛星定位尋寶遊戲，利用全球衛星定位系統的儀器，探測埋藏於廣大廠房任何一處的「寶藏」。

劉農華表示，GPS寶藏定位的課程，可以訓練員工從繁瑣、細微又複雜的數字、資訊中解碼，有助於員工利用數據、資料進行「知識分析」之能力訓練，同時賦予員工尋寶的上課樂趣，在尋獲寶藏的那一剎那，可有效激勵員工士氣。

靜心修禪提升專注力，激發創意

看了這麼多「驚心動魄」的另類訓練，在本文畫下休止符之前，不妨來看看企業提供員工「修身養性」培養靈氣、澄澈之心的另類教育訓練「禪修」。

位於北投的農禪寺，是法鼓山禪修靜地。一大片荷花池，鳥鳴聲不絕於耳，到些打禪，確實是放空心思，清除腦中雜亂思緒的好地方。

目前與法鼓山合作的企業不少，有些企業是因為經理人本身對禪修體驗成果佳，才帶領全體員工一起到法鼓山禪修，希望員工能夠藉此紓解壓力，同時澄淨心靈，讓工作情緒穩定、更有效率；如黑松、樂透彩股份有限公司、中華電信、泰山、農委會、勞委會、法務部、新北市文化局、台北市捷運局等，都由經理人引領員工一起來禪修，經濟部標準檢驗局為員工開發的「公務人員終身學習護照」中，其中一門課程就是參與禪修訓練，禪修風潮逐漸在企業體內擴散，往後走向主流企業的教育訓練，也不無可能。

此外，禪修期間「禁語」，「嘴巴」是人類混亂的根源，關閉個幾天未嘗不是件好事。當人一天、兩天不說話時，往往會開始進行自我內心檢視的動作，黃東陽笑話，世上有90%的人永遠都在看外面的東西，從來都沒有好好看自己的內心，禁語切斷了個人與外界口語溝通的通路，卻為個人創造內自省的價值。

如此可以提升專注力、穩定情緒、澄澈心靈，又可以開發無限潛力、創造力的活動，怪不得成為當前企業搶著送員工去「修練」的另類教育訓練。

資料來源：遲嫻儒，管理雜誌，第 360 期，P94~101

現｜場｜直｜擊

汰舊換新

近來，公司充滿一股進修風潮，從總經理到各部門主管，大家在下班後紛紛跑去顧問公司或補習班上課，有人學電腦，有人學習語文，其中有一位會計主任，進入公司已近二十年，現在的她正等著領退休金，同時她家中經濟來源並非主要靠她，而是先生與已成年的兒女，不過面對大家進修風氣，她似乎有些不安，在昨天公司月會中公司人力資源部門特別列出公司目前進修人員名單，除了新進同仁外，她與她所帶領的會計部門是公司最少報名進修的單位，會議結束後，會計林主任氣沖沖走到人力資源部找王祕書理論，林主任開口第一句是：「是誰讓你公布進修名單？」人力資源部祕書說是公司要獎勵進修人員，林主任一聽「公司」，到底是誰要求？祕書最後說出了答案就是進修人數最多的管理部建議的，此時，會計主任沉默下來說，「我知道了」隨後直接找上管理部主管：「建昌兄，我知道你們部門衝勁十足，公司有你們的協助，肯定是公司的福氣，但是我也請你幫幫忙給我這『老人』一點生存空間，別讓我也成為公司的黑名單，況且我的部門也有員工對進修感興趣你也知道！公司現階段帳務繁忙，我們忙的喘不過氣來，根本無暇外派受訓。」當建昌聽完之後，連忙說：「是的，大姐，小弟明白。」隔天，在會計部門發生了一件令林主任頭痛的事就是部門員工一個接一個提出準時下班的要求，只因他們要利用夜間進修的計畫，更有員工背後討論著：「林主任已到了退休階段，但我們不是呀！」何況公司開會時，不斷有人參加進修，我們可不能落後，此刻林主任該如何面對這種處境，因員工已非就帳務繁忙為思考，而是懷疑自己在部門的發展會受限制，自為林主任如何化解員工的心結？如何激勵他們呢？

上班族充電站

疫情時代，勞資雙方的牽絆

　　自2019年COVID-19襲捲全球，讓許多國家的生活型態——改變，從生活作習、職場環境到經濟架構，都有了很大的變化。臺灣一直以來都防疫有成，擋住一波波疫情的攻勢。但在2021年5月時期，疫情不小心的擴散，隨及進入了三級警戒，各個公司開始實施居家辦公、分流上班、減班、放無薪假、福利縮減，甚至出現裁員減少人力的措施。

　　根據10月份統計，共有3135家廠商、2.8萬人被放無薪假中。其中住宿及餐飲業現有484家事業單位、9454人實施無薪假中，是產業中增加幅度最多，其次是旅遊運輸業。受到這波疫情影響，公司經營不易、員工兢兢業業；員工期待公司能夠轉型、公司期望縮減成本，來渡過難關，大家的目的都希望能快點渡過景氣低潮期，但有得有失，該如何才能保障雙方呢？

　　臺灣在10月份疫情減緩後，各縣市陸續解封，明顯鬆了一口氣的為餐飲業、旅遊業，國人可以開始進行國內旅遊、開放內用餐廳等，加上政府對於消費經濟的極力倡導，因此餐飲、旅遊業景氣可望回升，對於服務業來說，有了消費力，員工的生產力就變的不可或缺。同樣的道理，不只是服務業，各個行業皆是如此，職場中的上班族，也有可能因公司訂單減少，人力跟著縮減。除了希望疫情儘快結束，因應環境的變化，公司的轉型已是刻不容緩的時事。

領導

Chapter 12

學習目標

- 介紹領導的重要理論。
- 認識領導的意義與領導者應有的條件與特質。
- 介紹領導的心理與技巧。

名人
語錄

解決的問題越多,越能累積經驗;解決的問題越大,越有成就感。

(聯廣公司名譽董事長陳束明,摘錄自 93.6.4 工商時報)
資料來源:突破雜誌第 227 期 P06

第一節　前言

20世紀30年代以來，人們對領導及其效能問題進行了多方面深入廣泛的研究，針對領導行為、領導者、領導方法等方面的課題提出了種類繁多的解釋和理論，催生了獨具特色的管理學新學科－領導科學。這一章讓我們重新認識領導的意義與重要理論，透過理論的精義讓我們在實務上有更深入的應用。

第二節　領導理論

20世紀30年代以來，管理領域對於領導問題有各種各樣的解釋，形成了各具特色的領導理論。大體說來，現在管理學界存在著四種具有代表性的領導理論：特質理論、行為理論、目標理論和情境理論。

一、特質理論(Trait Theory)

特質理論又稱特性理論，主要研究領導者的心理特質與其影響力和領導效能的關係，試圖區分領導者與一般人的不同特點，並以此來解釋他們成為領導者的原因，探究他們獲得成功的奧祕，從而確定領導者的個人素質特點，以便發現、培養和使用合適的領導人才。

根據對領導者個人特質來源的不同解釋，可將該理論分為傳統特質理論和現代特質理論。傳統特質理論認為領導者的個人特質是與天俱來的，天生不具有這種特質的人就不能當領導。它的研究重點在於找出天才領導者所具有的個體特性。本世紀初以來，許多心理學家對社會上成功和不成功的領導者進行了深入調查。例如，吉布(C. A. Gibb)認為天才的領導者應該口才佳、外表英俊瀟灑、智力過人、具有信心、心理健康、有支配他人的趨向、外向而敏感等七項先天特性。又如，托格蒂爾等人認為領導者的先天特性應具有：有良心、可靠、勇敢、責任心強、有膽識、力求創新進步、直率、有理想、良好的人際關係、風度儒雅、勝任愉快、身體健壯、智力過人、有組織能力和判斷能力。但經過幾十年的研究和實踐，許多人對傳統特質理論提出了異議，在此基礎上產生了現代特質理論。

　　現代特質理論認為領導是一種動態的過程，領導者的特質是在實踐中形成的，可以通過訓練和培養造就的。不過，選擇領導者要有明確的特性，培訓領導者要有具體的方向，考核領導者要有嚴格的指標。各國專家學者分別根據本國的文化背景，研究領導者應該具備的個人品質。如日本學者認為有效的領導者應具備「十德十能」，十德為：使命感、責任感、依賴感、積極性、忠誠性、進取心、忍耐性、公平性、熱情力、勇敢性；十能為：決策能力、規劃能力、判斷能力、創造能力、洞察能力、勸說能力、諒解能力、處理能力、培養能力、激勵能力。

　　在現實生活中，研究者也找到了一些依據。例如，領導者一般在社交性、創造性、堅韌性、協調性等方面都要優於普通人。然而，實際生活也是殘酷無情的，人們發現很多領導者並無所謂的天賦特質，而具有那些特質特徵的人往往很多都沒有成為領導者。這種理論與實際互相矛盾的現象，宣告了特質理論研究的失敗。特質理論出現這樣的問題，其原因在於：1.忽略了被領導者的影響作用。事實上，領導效能的發揮與被領導者的態度和行為關係極大；2.特質特徵內容過於龐雜，且隨情況不同而變化，難以尋求領導者成功的真正原因，也難以探索各種特質特徵的相對重要程度；3.實證研究各說各話，最後成果差異不齊。

　　領導特性理論研究在方法上主要是描述性的，無法進行實證，因此容易產生相互矛盾的研究結果，從而遭受非議，而且，它也脫離了領導的動態活動過程，忽略了被領導者的影響作用。當然，特質理論研究也並不是一無是處，它的積極意義在於：1.提出了領導者最基本的個人素質，這為領導者的考核、培訓、提拔等工作提供了一定的參考依據；2.領導者的個性要求代表著一種理想狀態，它可以促使領導者對照要求尋找差距，努力提高自身素質。

二、行為理論 (Behavior Theory)

　　行為理論是從領導者的行為方式和行為來探索成功的領導模式的理論。領導實踐中，人們發現領導者的才能表現與部屬追隨領導者的意願都是以領導方式為基礎的，因而，約從20世紀50年代開始，許多人開始將研究方向從領導者的內在特徵轉移到外在行為上。行為理論認為，依據個體的領導方式、領導行為可以對領導模式進行最好的分類，據此也就可以確定取得良好領導效能的領導行為。

　　領導行為理論的創始人是德裔美國心理學家勒溫(Kurt Le-win)。他以組織的權力定位為依據，把領導者在領導過程中表現出來的工作作風劃分為三種類型：專制型(Autocracy)，以命令方式領導部屬；民主型(Democracy)，以群體參與方式進行決策或管理；放任型(Noninterference)，領導者把自己的干預降低到最低的限度，同時給予部屬充分的行動自由。

　　勒溫認為，在實際工作中，這三種較為極端的工作方式並不常見，大量的領導者常常採用兩種類型之間的混合方式（圖12.1）。

多數裁定制

集權型　　　　　　　　　　民主型

家長式作風　　　　　無領導討論

放任型

圖12.1　三種領導方式及其混合形式

　　美國俄亥俄州立大學人事研究委員會以亨普希爾(J.K.H-emphill)為首的專家組1945年起對領導問題進行了廣泛的研究，他們從1790種調查資料中發現領導行為可以利用兩個維度加以描述：關心組織和關心人。「關心組織」的領導行為主要包括機構設置、明確職責、目標擬訂等，「關心人」的領導行為則包括尊重部屬、互相信任、關心部屬等。領導行為模式是這兩個維度不同程度的組合，四分圖（圖12.2）可以簡要地說明二者之間的不同的組合情況。這是以二維構面表示領導行為的首次嘗試，它為以後領導行為研究開闢了一條新的途徑。

　　1964年，美國德克薩斯州立大學的布萊克(Robert R.Blake)和穆頓(Jane Mouton)在此基礎上提出了管理方格理論，他們通過一個巧妙設計的二維構面方格圖形來形象地表述領導者的工作行為導向（圖12.3）。在圖中，橫坐標表示領導者對生產的關心，縱坐標表示領導者對人的關心，縱橫各線所構成的每個方格就代表「關心生產」和「關心員工」這兩個基本因素以不同程度結合而成的一種領導行為。評價領導者的工作時，按其在這兩方面的行為表現，從圖中找出交叉方格，就可以確定其行為類型。

圖12.2 領導行為四分圖

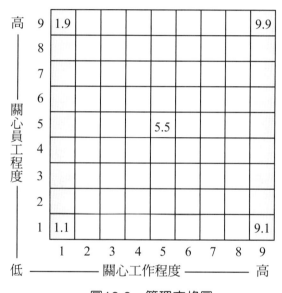

圖12.3 管理方格圖

在管理方格圖中有5種典型的領導行為：

1.1型：領導者對生產和對人的關心都做得很差，只做一些維持自己職務的最低限度的工作。因而稱為「貧乏型管理方式」。

9.1型：領導者只注重任務的完成，忽略對人的關心；只求有效控制部屬，員工成為工作的機器。因而稱為「任務型管理方式」。

1.9型：領導者對人極為關心，但不關注任務效率和工作效果，因而稱為「俱樂部型管理方式」。

9.9型：領導者對工作和員工都極為關心，期望通過協調和綜合工作中的相關活動來提高工作效率和團隊士氣，因而稱為「團隊型管理方式」。

5.5型管理方式： 領導者對工作和員工都關心，往往缺乏進取心，只求努力保持和諧的妥協，因而稱為「中庸型管理方式」。

三、目標理論(Objective Theory)

目標理論是研究領導者在目標管理過程中的行為方式及對員工的影響的領導理論，它期望通過研究找到目標管理的正確途徑和良好方式，從而為實現領導行為的高效表現。

（一）德魯克的目標管理理論

1954年，美國企業管理專家彼得‧德魯克(Peter F. Drucker)在其《管理的實踐》一書中提出了目標管理理論。他認為，組織的目的和任務，必須轉化為目標，各階層管理員工應該通過目標對其部屬實施管理，並以目標來衡量個人的貢獻大小，要讓每個員工根據組織目標的要求自己制定個人目標並努力爭取實現，從而保證組織目標實現的可能性。德魯克主張，管理員工不管在目標管理的實施階段還是成果評價時，都要充分信任員工，實行權力下放和民主協商，而成果的考核、評價和獎懲也必須嚴格按照員工的目標完成情況和實際成果數量來進行，從而激勵每個員工的工作積極性和創造性。

實際上，德魯克的目標管理理論的精髓在於強調組織的管理和領導過程中要做到目標明確、決策民主、時間確定、績效評價的要求，促使個人的需要、期望與組織的目標一致，從而激勵員工的工作士氣。

（二）目標與途徑理論

目標與途徑理論由加拿大多倫多大學教授伊萬斯(M. G. Evans)於1968年提出，後經其同事豪斯(R.J.House)補充和完善。

目標與途徑理論認為，領導方式可以區分為四種類型：指令型：領導者作出決策和發布指示，部屬沒有參與權；支援型：領導者平等待人，關心部屬；參與型：領導者決策時注意徵求、接受和採納部屬的建議；成就型：領導者向部屬提出挑戰性目標，並對他們實現目標表現出信心。

　　該理論強調，這四種領導方式並不是孤立或對立的行為模式。為了激勵部屬實現組織目標，最有效的領導方式必須既考慮領導者的行為，又考慮被領導者和組織環境等因素，同一領導者應在不同情況下靈活運用它們，如工作任務模糊、部屬能力有限時，可採用指令型領導方式；而例行性工作且部屬能勝任時，就應採用支援型領導方式；至於工作具有相當難度、部屬又極具潛力和成就感時，則最好採用參與型和成就型領導方式（圖12.4）。事實上，目標與途徑理論的宗旨就是要求領導者通過明確工作的方向、內容，說明實現組織目標的途徑，同時幫助部屬排除障礙使其在實現目標的路徑上順利通行，從而最終實現領導行為的高效能。

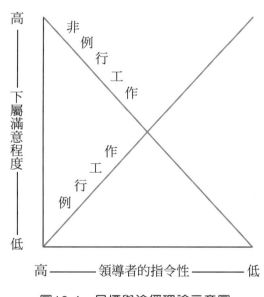

圖12.4　目標與途徑理論示意圖

四、情境理論(Context Theory)

　　20世紀70年代組織權變理論的興起，促使不少研究管理學、領導學、心理學的專家學者開始認識到，領導本質上是個包含領導者，被領導者和環境的動態活動過程，其公式為：

　　　　領導＝f（領導者、被領導者、環境）

　　許多專家學者由此開始了對領導權變因素的研究，提出了一系列的領導情境理論，典型的有菲德勒模型理論、生命週期理論、領導者參與模型理論、領導行為連續統一體理論以及已述的目標與途徑理論等。菲德勒模型則是其中頗具開創性和代表性的理論。

　　1967年，美國華盛頓大學教授、管理學家菲德勒(Fred E.Fiedler)經過15年的廣泛研究，提出了一個「有效領導的權變模型」，即菲德勒模型。在菲德勒模型中，菲德勒認為組織效率由領導行為與組織情境二者的符合程度決定，其中領導行為可區分為任務定向和關係定向兩種類型，組織情境包括領導─成員關係、任務結構、職位權力三大要素。菲德勒提出，組織情境三大要素，均存在有無、強弱、好壞的區分，這三大要素六個方面的不同組合就可以構成八種情境（表12.1），它們分別對應不同的領導類型。其中，三個條件齊備的是最有利的領導情境，三者都缺乏的是最不利的領導情境，二者中間則分布著有利狀態、中間狀態、不利狀態等不同類型的領導情境。經過反覆研究和調查分析，菲德勒指出，領導者的領導方式必須與領導環境類型相適應，才能獲得有效的領導效果，其中：最不利和最有利的情境採取以任務為中心的指令型領導方式效果較好，而對於中間狀態的領導情境，採用以人為中心的寬容型領導方式則可產生良好效果。

▶ 表12.1　菲德勒的領導行為與領導情景對照表

環境類型	有利狀態			中間狀態				不利狀態
	1	2	3	4	5	6	7	8
上下關係	好	好	好	好	差	差	差	差
任務結構	明確	明確	不明確	不明確	明確	明確	不明確	不明確
職位權力	強	弱	強	弱	強	弱	強	弱
領導方式	指令型	寬容型	指令型					

心 靈 小 站

生命的希望

　　一位君王在遠征參加戰役之前,他命令其中一位大臣將他所有的財產分配給各個臣子,此位大臣非常驚訝的問君王說:「那麼陛下,您帶什麼啟程呢?」此刻君王回答說:「我僅帶一種財產,它的名字是『希望』。」聽到這個回答,十分慚愧,立刻回應君王說:「可否請君王分配您的財產。」另外謝絕了先前君王要分配給他的財產。身為現在的領導者,能否創造願景與希望,是十分重要的使命!

　　請你回憶一下,在你的生命中,是否有遇見如故事中的君王適時賜予你希望?或者透過這則小故事,它又帶給你何種靈感,請試著寫下你的看法。

※心靈筆記※

_____

_____

_____

_____

_____

_____

_____

_____

_____

_____

_____

_____

_____

第三節　領導與領導者

要真正把握領導規律，必須深入到領導現象、領導過程的各個領域，建立對領導問題全面的、立體的認識，只有這樣，才可以說對領導規律具有相當程度的把握。

一、領導的含義

行為科學定義的領導概念基本上代表了現代管理學的哲學觀點和價值理念。從行為科學的角度來定義，**領導(Leadership)是指領導者通過人際交互作用來影響團體中的成員，激發其努力工作以達成組織目標的行為，是一種影響力的施行過程。**

在這裡，要注意區別領導與管理(Administration)。領導活動作為人類社會發展的結果，是一種特殊的社會活動，它既與管理有著千絲萬縷的聯繫，又具有自身的鮮明特色。總的來說，二者的區別表現在：

第一，層次不同。領導是一種高層次的活動，主要致力於確定組織事業的發展方向，制定組織運行的宏觀目標和大政方針；而管理則是一種相對低層次的活動，著重於在組織目標指導下處理和完成既定的工作和任務。

第二，對象不同。領導主要是一個影響部屬的行為過程，它以組織、動員和指導部屬工作為重點；管理則偏重於對人、財、物、資訊、時間等資源的具體調配和利用。

第三，目標不同。領導是一種總攬全局的活動，它追求組織的整體效益甚至社會的統一效能；管理則傾向於追求具體工作的效率和實際任務的完成，它並不必然以組織效益或社會效能為目標。

二、領導的基本職能

從一定意義上講，領導對組織的興衰成敗，起著關鍵的作用。成功的領導應對組織發揮下列作用：

（一）促使組織成員獲得心理滿足

領導者真誠關懷部屬，在組織成員中建立和諧的互動關係，使他們以置身團體為榮，並衷心擁護和支援團體的行為。

（二）維持組織的統一

組織縱橫分工易導致本位主義和衝突式摩擦，領導者務必以適當方法化解不和,消除矛盾，促進組織內員工、部門、層級間的溝通和協調，保證組織的有效運轉和整體統一。

（三）指導組織實現目標

領導的職責就是保證組織目標的實現。為此，領導應做好以下工作：1.妥善計畫，週密布署；2.充分溝通，緊密協調；3.嚴格監督，有效控制。

三、領導的權力基礎

作為影響他人的行為過程，領導活動必須具備現實存在的條件和發揮作用的力量，否則，領導活動影響他人實現目標就成為一句空話。管理學認為，領導過程的正常有效運行，始於領導者影響力的作用，而影響力的來源就是權力。所以，在領導活動中，權力的獲得和運用，是領導者有效領導的必備基礎，是引導他人實現目標的根本條件。

（一）權力的含義

權力(Power)，是一種影響或支配他人的思想和活動的能力。從根本上講，權力以對資源、暴力工具和關鍵資訊的占有為基礎。例如，原始社會的氏族首領，對自然資源、部落財富並不具有所有權，但他們都實際地行使著某種權力，而氏族成員也實在地信任和擁戴他們，就是由於氏族首領具備德高望重的品質，或擁有某種高於其他成員的知識或能力。以後，隨著對自然資源的個人占有，生產資料、社會財富逐漸集中於個人或小集團，擁有某種資源的個體或群體對不擁有或不完全擁有該種資源或其他資源的個體或群體就形成了各種形式的權力性影響。

（二）權力的構成

權力構成是領導主體與追隨或服從的群體之間支配－服從的群體過程。按權力分類，可鑒別出以下四種：

1. 合法權

合法權是組織通過合法程式授與職位而賦予領導者影響他人的權力，是由社會規範和組織體制產生的支配－服從關係。由於合法權的存在，領導者才能正式地、有效地影響他人的言行，才能使部屬產生實在的敬畏感，服從於組織中的這種社會性影響力，而不能或無法考慮自身的要求或願望。一般說來，合法權因其來源於組織內部，一旦授與某人，該人就成為領導者，他人在觀念上就事先對其有一種自然服從感，而在領導過程中權力的實際運用更使他人必須產生服從感和敬畏感，只有這樣，組織在實現目標過程中才能克服種種外在阻力和人為障礙，保證領導活動的順利進行和組織目標的有效完成。

2. 獎懲權

獎懲權是以占有資源和暴力為基礎的影響力。領導者在實際工作中，對於在工作、生產和學習中有顯著成績、作出貢獻的員工，可以給予物質或精神性的獎勵，這是領導者獎勵權的表現；同時，對於在工作、生產和學習中有重大失誤或過錯的員工，領導者也具有對其予以處罰的權力，它表現了領導者的懲罰權。無論是獎勵權還是懲罰權，它們實際上都是領導者激發員工動機、鼓勵員工熱情的手段。當然，獎勵權是以從正角度激發員工的工作積極性和主動性，而懲罰權是從反面遏制員工的不良行為和思想，進而從正面改進和樹立員工的工作態度和方法。實際領導活動中，獎懲權應慎重使用，既不能不施獎懲，又不能濫用獎懲，要通過適度的獎勵或懲罰達到調節員工行為和心理的作用，最終以其為手段來實現組織目標服務。

3. 專家權

專家權是以擁有和傳授專業化知識、解決專門性問題的資格和能力為基礎的影響力。在科學技術飛速發展的現代社會，領導者如果不具備某種專門知識和特殊技能，不用科學的方法去指導管理工作，全憑經驗辦事，要想統帥全局、把握方向，是根本不可能的。在領導活動中，領導者知識廣博、學問淵博，可以使部屬產生巨大的信賴感，實施對組織強有力的領導。同時，才能是領導者實際工作能力的基礎，是在領導

者知識水平的基礎上經由實踐活動形成的各種能力的綜合體，它可以使部屬對領導者產生敬佩感。領導者才能越高，越能受到員工的敬佩和折服，也就越能對員工施加影響力。

4. 魅力

就其實質來說，魅力並不是一種權力，但是，實際領導過程中魅力對員工或他人的影響又無時不有，無處不在。

魅力是一種以領導者擁有的為他人認同、喜歡、接受或敬仰的人上素質為基礎的影響力。對於領導者來說，個人的道德、品行、人格、作風構成其魅力的品格因素，它使部屬產生敬愛感，使部屬真誠地接受其影響；而領導者的知識和才能，構成其對部屬的科學性影響力，使部屬在信任和佩服的基礎上自願接受其領導。除此之外，領導者的魅力還表現在感情因素上，一般說來，凡能體察民情、關心疾苦、脾氣隨和的領導者，總能使員工在心理上產生強烈的認同感和親切感，從而可以對員工產生巨大的影響力，激起員工心甘情願為實現組織目標而努力工作的熱情。

通過分析可以看到，合法權、獎懲權與專家權、魅力權具有性質上的差異，前二者具有強制性，是一種強制性的影響力，而後二者不具有強制性，是一種自然性影響力，這正是領導實踐中權力發揮作用的兩種方式。通常情況下，強制性影響力對別人的影響是強迫性的，以外力的形式發揮作用，這種影響力的獲得，與個人本身的因素不具有必然聯繫。自然性影響力則不同，它產生於個人自身的因素，作用發揮建立在他人信服的基礎上，主要是通過潛移默化過程內化為他人的動力來實現其功能。在在領導過程中，強制性影響力是必不可少的，但它影響人的心理和行為極為有限；自然性影響力是領導者影響力的重要組成部分，它對人的激勵作用很大，因而，從這一意義上講，領導者施行領導行為時要多運用自然性影響力，適度使用強制性影響力。

四、領導心理

只有領導者的影響力作用，沒有被領導者的心理認可，領導職能的實現是不可能的。所以，要發揮領導職能，實現領導目的，被領導者從心理和行為上進行認可和接受是一個極為重要的條件，這就是社會現實中不斷沉澱和積累的被領導心理，主要包括服從、模仿和認同。

（一）服從

幾千年的社會生活，使人們對權力或權威具有一種自然的遵從觀念，如日常生活中兒童服從父母、學生服從師長、部屬服從上司，由於天長日久的行為強化和觀念積澱，已成為人們最普通的行為規範。而領導活動中這種由傳統累積下來的服從心理更是普遍地存在於活動的各個環節，在人們的心目中，大家自然而然地認為領導者不同於普通人，他們或者有權，或者有才，或者兼而有之，總之比普通人強一些。這種觀念逐步發展成為某種形式的社會規範，產生了對領導者的服從感，增加了領導者言行的影響力，因而成為領導者實施領導的重要心理依據。

（二）模仿

對於自認為優秀或完美的事物或言行，人們總會產生敬佩、折服、信賴、親切等心理反應，在時機成熟時，人們就會在上述心態的影響下產生對該事物或言行的模仿心理，希望它們能在自己身上表現。在領導活動中，部屬或他人對優良的領導者，也會產生崇敬、信任的心理，同時可能伴隨產生模仿領導者言行的心理活動。這種心理可以成為領導者提高領導效果的心理依據，關鍵在於領導者要擁有強大的自然性影響力，如知識淵博、多才多藝、品行高尚、作風民主，同時要以身作則、嚴於律己，使自己成為組織的一種形象、一個代表。

（三）認同

大多數情況下，部屬受領導者意志和行為的影響接納其領導，存在著兩種可能的情形：一種是被動的、勉強的，甚至是反抗的，此時領導功能實現難度極大，領導效能較差，有時可能根本達不到預期目的；另一種是自覺地、主動地接受領導，其心理因素是部屬從內心深處認可領導者的權力和地位，信任其學識和能力，敬佩其人格和修養，此時，領導者的目的和組織目標就很容易實現。實際領導過程中，領導者要得到其部屬的認同，基本要求是以身作則。在現今開放多元的環境，如果領導者的地位和權力來自於員工的授與而非上級任命，則領導者被部屬認同的可能性就大，他的領導效能就更高。

五、領導者概述

（一）領導者的定義

簡單來說，所謂**領導者(Leader)，是指組織中負責決策、組織、指揮、協調和監督職能的個人或體團，是組織領導活動的關鍵角色和主導人物。**

在領導者的簡略定義中，可以看到領導者的一些基本特點：

第一、權力的使用者。領導的基礎因素「權力」是在領導者身上得到表現和落實的。任何領導者要實現領導職能，必須具備一定的影響力，而權力的運用是其影響力得以實現的重要條件。權力的運用可以解決領導過程中許多人為的障礙，強迫不願接受領導的個體或群體服從組織目標和意願。

第二、責任的承擔者。領導者的本質是一種責任的承擔者，而不單是權力的擁有者，通常情況下，一個人只要擔任了某一領導職務就意味著他擔當了實現組織目標責任的一部分、大部分甚至全部，只有職務而不承擔責任的領導者是一種失職的表現。

第三、目標的指導者。組織中的職務和崗位，是組織目標分解到不同層級的對應產物，它們的任何部分都是為實現組織目標服務的。因而，處於不同層級的職務和崗位上的領導者，實際上就是該層級組織設定目標的實際組織者、指揮者，他必須充分應用該職位的權力，完全承擔該崗位的責任，努力落實和實現所在組織層級的目標和任務，保證組織總目標最終實現。

（二）領導者的素質

作為領導活動的主體，領導者的素質(Quality)是其履行領導職責、發揮領導作用的基礎，是領導活動高效率的重要主觀條件。但是，領導者是以不同的面目、不同的角色出現的，在素質修養的要求上，既有相同的一面，又有特殊的表現。然而，從作為領導者的角度來講，各層級各部門的領導者都必須具備一些基本的素質，它包括個性品質、知識素養、能力素質和身體狀況四大部分。

1. 道德 (Morality)

古今中外公認的用人標準，莫不以德才為基本條件。古人說：「才者，德之資也；德者，才之帥也」，「德勝才，謂之君子；才勝德，謂之小人」，「凡取人之

術，……，與其得小人，不若得愚人」，充分證明了個性品質對於領導者的極端重要性。

在現代社會條件下，從領導活動的高效率和組織目標的實現角度看，一個專業的領導者，大致需要具備三項特質：第一、寬廣的胸懷。領導者任何時候都要以組織目標為根本、以組織員工為基礎進行領導，要待人以誠、寬宏大量、顧全大局、嚴於律己，要能容許或聽取反對意見。第二、高度的使命感。領導者在其領導範圍內，應具有高度的事業心和責任感，兢兢業業、不遺餘力地確保工作目標的實現，在工作中一絲不苟、精益求精。第三、積極的進取心。組織目標的實現過程絕不會永遠一帆風順，中間有困難、有挫折、有失敗，領導者應有頑強的意志、堅強的毅力去面對它們，要用百折不撓的勇氣、堅韌不拔的精神去藐視它們。在實際工作中，這是最能表現領導者個性品質的地方。

2. 知識素養 (Knowledge)

領導工作是一項綜合性的複雜工作，也是一種兼具科學性和藝術性的創造性活動。因此，領導者應該具備勝任領導工作的知識素養，既要通曉自身的專業知識，還要掌握其他領域的知識，這樣才能得心應手地應付局面、協調關係和處理問題。

一般說來，作為領導者，通常要具備以下知識：第一、一定水平的專業知識。這是領導者進行領導工作的知識基礎，它可以保證領導者在工作中專業指導、在決策中不亂腳步。第二、有系統的管理知識。領導者的職能就是管理，因而掌握系統的管理知識和技巧是成為領導者的必備條件。不懂得管理、不熟悉技巧，專業知識再豐富也是難以勝任領導工作的。第三、豐富的科學知識。領導者具有豐富的社會科學、自然科學知識，擁有相當水平的文化知識，可以幫助他在員工或部屬中樹立威信，在處理事務時高瞻遠矚。

3. 能力素質 (Ability)

通常情況下，衡量領導者稱職與否，主要考察其完成任務的能力情況。領導者的能力構成，一般應包括：第一、認識能力。領導者要善於發現問題、體察環境，能正確分析問題，抓住問題的本質和要害；第二、決策能力。能夠正確權衡利弊，適當選擇決策方案，特別是各種方案並存時，要有足夠的智慧作出恰當的取捨。第三、組織

能力。善於識別員工或部屬，能夠將他們與適當的職位、任務科學組合，做到人盡其用；擅長協調人力、物力、財力的分配和使用，保證管轄範圍內人、財、物形成合理的搭配。第四、控制能力。對於工作中的問題，既要有未發生前的敏銳洞察力，又要有發生後正確應變的能力。

4. 身體狀況 (Health)

一般說來，良好的身體素質是領導者承擔繁重、複雜的領導工作的必需條件。

領導者身體狀況的要求大致包括：第一、身體健康。身體是工作的基礎，只有健康的體質才能真正勝任繁重的領導事務。第二、精力充沛。領導者時刻保持旺盛的精力是領導活力的表現，才可以在困難而前不氣餒，在失敗面前不投降。第三、心理健康。在領導活動中，領導者應具備良好的自控力，能時刻注意控制自己的情緒，遇事不亂，臨危不驚；要有高度的成熟性，工作中獨立自主、決策時果敢堅決，等等。

六、領導團體概述

（一）團體領導的作用

領導團體的領導方式是團體領導，其特點是團體決策、分工負責，它的作用在於：

1. 發揮團體心理效能

團體領導有助於克服個人認識上的片面性、情緒上偏激性、意志上草率性和行動上的盲目性，可以集思廣益、多方考慮、廣征博納，從而能夠避免或減少失誤，提高領導工作效率。

2. 施展個體學識才能

團體領導與分工負責緊密相聯。團體領導的分工負責制可以充分調動領導團體中各個體的工作積極性和創造性，激發領導成員主動奉獻自己的優勢和特長，調動他們獨立思考、獨擋一面的積極性，充分發揮各自的學識和才幹。

3. 相容水平

融合上述兩點，清楚個體之間的差異性，也瞭解團體的重要性，使人與人之間磨擦減少，提高團體的相容水平。

（二）團體領導的心理因素

領導團體的領導行為是領導成員各自心理因素外顯、融合與作用的結果。在領導團體中，領導成員的認識、情感、意志、個性等因素對團體領導的形成和運行都會產生影響。

1. 認識因素

認識一致是團體領導目標一致、行動統一致的心理基礎。然而，由於領導成員學識、經歷、能力等的差異，領導團體不可能保證隨時隨地都能認識一致，意見衝突、觀點紛呈不可避免，而且是保證領導活動有效甚至成功的重要條件。因此，優質的領導行為都不是強求一致，而是創造能暢所欲言、平等交流的心理環境。

2. 情感因素

情感因素是團體領導中的重要心理因素。領導團體中，領導成員感情融洽、和諧，能夠促進彼此之間心理相容，有助於工作中互作合作、互相支援。反之，如果領導成員存在情緒隔閡或情緒對立，則成員之間思想交流、意見溝通必然受阻，而工作效率、工作氣氛必然消沉。

3. 意志因素

領導團體的堅強意志是以正確的認識為基礎的，同時又能作用於領導團體的認識傾向和情感傾向。一般而言，領導團體的成員意志堅定、認識統一，才能保證團體領導職能的實施。相反，成員之間缺乏統一的意志。各行其是，不僅影響成員間的團結，而且削弱領導集體的戰鬥力。

4. 個性因素的作用

領導團體的各個成員的個性心理一般都存在差異，他們各有其性格氣質、能力和興趣、愛好，這是一種正常的現象，也是領導團體形成的前提之一。領導實踐證實，領導團體個性統一，品性相似是不利於領導工作的正常發展的。領導應了解成員之間的個性特徵、協助彼此熟悉對方個性，只有這樣，才能形成團結、統一、向上、奮發的領導團體，為領導工作的高效率構築良好的組織基礎。

職|場|話|題

企業反敗為勝的利器：傾聽

　　有效的傾聽能力，是企業與領導者追求成功的重要溝通技巧，IBM的葛斯納、日產汽車的高恩，都是因為懂得傾聽員工及客戶的聲音，而讓企業反敗為勝。

　　傾聽，看似一項簡單的管理動作，一般的企業也並不會特別的在意，然而在許許多多檢討企業為何失敗以及為何能成功反轉逆勢時，傾聽，其實應是其中重要的關鍵。

　　美國財星(Fortune)雜誌與高速企業(Fast Company)雜誌，都曾專文探討企業失敗倒閉的原因，一致的指出與企業CEO有密切的關係，而極度主觀、自以為是、剛愎自用，消除各方的歧異意見，是這些執行長搞垮企業的共同特質。

　　反觀一些能夠反敗為勝的企業CEO，像是IBM的葛斯納(Louis V. Gerstner)、日產汽車(Nissan)的高恩(Carlos Ghosn)，從一開始接掌重任時，就耐心摯誠的聆聽員工、客戶、廠商的聲音，並真正關心重視這些想法，更逐步推行為企業的政策。

截斷過去高高在上的決策鏈

　　為何要傾聽呢？當企業發展漸具規模時，組織結構也被放大，決策者對事務的管理範圍越來越大，了解深度卻越來越貧乏，與市場的距離也持續增加，部屬從幾人、十幾人到幾百人。決策者必須經由大大小小的會議，做為對市場資訊的交流場所。

　　但是到了開會時，與會的主管憂心個人表現而傾向於隱惡揚善，許多事務達不到充分的溝通，以致於事情的發展常常與決策者主觀的認定有很大的出入，加上因為需要了解、查詢、資料不足等因素，議題往往被耽擱下來，日積月累到事情惡化難以收拾。著急的CEO不得不倉促斷決，錯誤的決策就一個接一個產生。

改變心態從細節中探知全貌

　　主管傾聽的最大障礙，來自於不願放下身段，並對傾聽做錯誤的註解。

　　要如何傾聽呢？首先，選擇傾聽的對象，主要必須是基層的工作人員，這些人直接深入事務的本身，也許他們並不了解事務整體的發展，卻清楚與生產、客戶、市場有關的每個細節，而這些片段往往可以讓決策者探究事件的起點，或是拼湊出事件的全貌。

　　再則，要一對一的交談，只要多加一人談話，內容就會完全變質，畢竟有些話在其他人在場時，並不確定是否方便說，於是多半會選擇不說，如此效果就大打折扣。

　　最後，就是要聽對方說，自己只要問問題，絕不發表意見，或是試圖想去改變對方的想法，否則最後就會淪為訓話。

　　舉例來說，3M早期經營砂紙的生產，在剛步入較為穩定的時期時，卻有客戶反應砂紙上的磨石太容易脫落，而開始退貨，可是所有的人都找不出問題發生的原因，令3M苦惱不已。直到某天晚上，有個在生產現場的工人發現，某個盛水桶中有油漬漂浮，而桶底有一些磨石，於是向廠長報告，因此找出了砂紙品質不良的真正原因。原來此一批的磨石，在運送時遭到同船包裝破裂的橄欖油汙染。

　　企業內建立傾聽機制的重要性，將越來越不可忽視，因為在未來產品市場中，經過高度的競爭，產品的功能更好、價格更低廉，消費者勢必也越來越難以取悅，所以企業生存的難度也越來越高，也就是說，未來的企業將更需要圍繞在員工、客戶、合作廠商的身邊，傾聽他們的聲音。

資源來源：劉彥承，管理雜誌，第 356 期，P68~69

第四節　領導方式與技巧

　　領導是一個影響他人思想和行為以實現目標的動態過程，是組織的管理行為極為重要的組成部分，因此，領導工作的開展、領導行為的選擇都不能草率莽動、隨心所欲，而要遵循科學的領導規律，要強調領導實踐中實在的方法運用，確保領導過程貫穿合理的思維方式、領導藝術和工作技巧。

一、領導思維方式

　　領導者科學的思想方法、思維方式，是實現領導職能，提高領導效能的必備主觀條件。從領導科學的研究和領導者自身實踐角度來看，一個合格的、成功的領導者一般須具備系統思維觀念、創造思維模式、縱橫思維方法等。

（一）系統思維觀念

　　系統思維(Systematic Thinking)是現代科學思維的主導思維方式。以現代系統論原理為基礎，系統思維觀要求人們的思維過程要做到：

1. 整體性思維

　　這是系統思維的核心，它要求看待和處理任何事情，都要立足於整體，從整體與部分、系統與要素、自在系統與外部環境之間的關係和作用來認識和掌握整體。例如，安排國家各項經濟發展指標時，就必須首先考慮社會總需求和總供給的全局，考慮經濟發展與社會發展、環境保護緊密相關的全局，避免作單一的決策。

2. 動態性思維

　　系統思維觀認為，系統內部各部分的關係、系統與環境的關係都是處在不斷的運動和變化發展之中，因而，觀察系統要用發展變化的眼光，根據事物內外變化及時調整系統的目標和結構，保證系統功能的最優化。領導者運用動態思維形式，就是要時刻注意收集資訊情報，認真做好科學預測，隨時把握機會。

（二）創造思維模式

創造性思維(Creative Thinking)是立足於現有的思想材料去發現和創造新事物的思維模式，是一種力求思想上的新穎性、求異性和靈活性的思想方法。對領導者來說，要使自己的工作具有創造性，思維上的創造性是必備條件。為此，就必須做到：

1. 注意積累和運用有關知識和經驗

一定的經驗、理論和學識，是創造性思維的基本條件。因此，要努力積累和運用真實的、反映客觀規律的經驗與知識；善於獲取新知識、新資料，捨得拋棄過時的內容。

2. 保持敏銳目光，富於批判精神

善於抓住時機是極為重要的領導素養，這需要領導者在工作中對事物始終保持一種批判態度，不盲從權威，不相信絕對，善於通過瞬息萬變、錯綜複雜的新情況、新現象，看到新現象、抓住新本質及時作出相應反應，掌握領導主動權。

3. 想像力豐富，勇於超常超前思維

從某種意義上講，創造就是想像，領導工作的創造性就是領導思路的開放性。豐富的想像力可以幫助領導者工作時思路深廣、視野開闊，可以促使領導者思維的非邏輯性、非常規性，可以促進領導者目光長遠、思想超前，從而大大增促進領導者的工作效率和領導效能。

（三）縱橫思維方法

縱向思維(Vertical Thinking)和橫向思維(Horizontal Thinking)都屬於比較性思維，只不過二者比較的角度，著重重點不同。縱向思維著重於從時間和歷史的角度進行思考，它以發展觀點為理論前提，考察的是事物的歷史發展過程，具有歷史的連續性、繼承性。橫向思維則是截取歷史的某一橫斷面進行比較思考，研究同一事物在不同空間下的發展情況，發現各自的特殊性，找出它們的共同性。

一般說來，縱向思維有助於把握同一事物的變化發展規律，預測其未來發展趨向，但易導致思維狹隘；橫向思維可以幫助人們把握事物發展的不平衡，發現別人優勢，看到自身不足，但有時容易出現思維絕對化的問題。因而，對於領導者來說，最

有效的方法是有效地運用縱向思維和橫向思維，擴展思維角度，拓寬視野、超越自我，從而創造出更好的領導績效。

二、領導方法

領導方法是領導者駕馭環境和領導部屬的具體方案，也是執行領導職能的重要手段。它涉及決策藝術、管理技巧和協調技術等內容。

（一）隨機決策藝術

決策是領導者最重要的工作，既是一門科學，更是一項藝術。對於常規性決策，領導者可以按照一定的科學程式和方法作出決定。但是領導過程絕不是一帆風順的，大多的隨機事件和突發事件是考驗領導者決策技巧的試金石，領導者必須依靠自身的知識、經驗和直覺作出判斷和決策。此時，人的思維活動離開了嚴格的科學領域，無法進行周到的邏輯推斷，也沒有精確的資料運算，只能運用個人的機智、靈感從大量的事物和關係中迅速找到本質、構成判斷、下定決心，這就是領導實務中常見的隨機決策藝術問題。

由於隨機決策確定性喪失的特點，領導者要正確地作出決斷，應該具備兩個條件：第一、大局在握，運籌得體。也就是說，領導者決斷前對全局要有深入的了解，善於從全局和整體出發考慮和估量問題，以點帶面推動全局。第二、審時度勢，當機立斷。決策時，領導者要善於捕捉時機，分清主次，根據事物發展進程隨機應變、果斷決策，並迅速付諸實施。

（二）組織管理技巧

組織管理是一種實實在在的技巧性工作。從一般角度來看，組織管理是一個協調人、財、物的過程，而組織管理技巧就是要注重組織管理中各個因素的有效配合、平衡協調，要善於處理中心工作和其他工作的關係，既要掌握中心環節，又要兼顧其他任務，其實質就是領導者必須具備高度的協調平衡能力，首先要抓住重點，形成完整而有條理的工作流程。此外還要注意組織管理中組織結構與員工結構的協調平衡，在規範化、制度化的組織中，妥善調配素質不同、個性迥異的員工，促使機械的組織結構因員工的巧妙揉合顯現強大的生機和活力。

女性領導者有其領導的風格 細膩、果斷，柔性、堅定

（三）人際溝通技術

從人際關係學角度講，領導就是一個處理人與人之間關係的過程，因為領導者的領導行為就是運用權力、威望等影響力因素作用於人。在這中間，影響他人思想、改變他人行為，是實現領導職能的重點所在，同時，調解糾紛、解決衝突也在所難免。

首先是通過人際溝通改變他人思想和行為的問題。領導的最終目的就是以他人的協作實現組織目標。要取得他人的配合協作，領導者既可用權力壓制、迫使服從、暗中操縱和金錢收買等手段達到目的，也可以彼此合作、感情投資、威信感召和思想引導等方式靈活處理。事實上，從一定角度上講，二者都是通過直接或間接的人際溝通來實現目的的，只不過途徑不一而已。但是，從領導者素質修養角度來看，前者表現領導者溝通技巧和管理技能的欠缺，後者說明領導者具備較高的素質和修養。

領導過程中難免會出現各種人際問題，員工之間對立、衝突不時湧現，這就需要領導者具有處理人際關係的藝術，靈活妥當地予以解決。具體說來，就是要：第一、原則的堅定性和方法的靈活性相結合。解決任何矛盾衝突，領導者都不能採取偏袒一方、壓服一方的做法，而應找到雙方妥協的適度點，同時通過許多細緻而機敏的工作，將雙方可能接受的適度點轉變成為接受調解的現實。第二、巧選時機，相機處理。當解決人際衝突的條件不成熟時，領導者宜擱置問題，待當事人情緒穩定下來、觀念有新轉變時，再擇機進行處理。第三、模糊處理，迂迴解決。對於一些非原則性的糾紛，一般無法真正分清孰是孰非，領導者可以含糊對待，以勸說、調和為主，既可以安撫人心，又不致喪失原則。

三、領導工作技巧

工作技巧是領導者的日常工作方法，它直接作用於領導效率。工作技巧的範圍極廣，但就領導工作的效率而言，主要涉及領導者在工作中經常可能遇到的工作時間安排和日常事務處理兩個問題，處理它們的工作技巧就是有效統籌時間和合理授受權力。

(一) 有效統籌時間

在領導科學研究中，有效統籌時間的方法主要有ABC分類法、批量時間法和統籌工作法，其中ABC分類法因適用性較強而受到人們的重視。

ABC分類法由企業管理專家萊金提出。他認為，領導者每天要辦理的事情很多，但又常常不可能全部做完，因此領導者應該編制每天工作的事務表。在表中，把每天要處理的事務按照輕重緩急分成A、B、C三類，A類最重要，B類次重要，C類緩一緩。如果領導者能夠把A、B兩類工作做好，就抓住了工作的關鍵，等於完成了當天工作的80%。萊金指出隨著情況的變化，A、B、C的級別排列也要不斷變化，事務表的排序也要相應變化。例如，本屬C類工作，如有人打電話催辦，則應將其歸入B類工作；如還有人登門交涉，就需把它列入A類問題處理。

(二) 合理授讓權力

成天忙於事務的領導者絕不是一個好領導者，合理消閒輕鬆的領導者才是優秀的領導者。領導者懂得充分授權於他人，不僅激發了員工、部屬的積極性，也取得了良好的組織效率。

領導者要合理授權，首先必須把握授權的適度性，清楚哪些是可授之權，哪些是不可授之權。通常情況下，一般說來，凡屬部屬職責範圍內的權力要下放，但事關全局的最後決策權，管理系統的集中指揮權，主要方面的人事任免權等核心權力絕對不能下授，這是授權時必須把握的關鍵。其次，合理授權還必須把握授權的要領：第一、明確部屬要多少權威或權力才能完成授與的責任；第二、確保部屬了解新的責任和角色要求；第三、把部屬的績效目標與前途相結合，盡可能給他們提供積極協助和心理支援，同時防止部屬的過分依賴心理；第四、監測部屬的工作進度。

職｜場｜話｜題

大老闆的變裝秀，秀出新的領導風格

又到了公司宴請員工的尾牙時期，又有不少老闆賣力演出變裝秀。廣達上演救世主·董事長林百里變成駭客任務男主角基努李維，耍帥的表演讓員工開懷大笑；中信集團上演金銀島，辜濂松、辜仲諒以船長盛裝出場，期望引領員工齊心打拼，在歡笑表演中另有期待。

對變裝的大老闆來說，可能希望轉變在員工心目中的形象，也可能希望營造出公司的創新風格，更可能要改變或強化領導風格，創造新的企業文化。

如果將變裝秀當成是一種「創新」的宣言、「新領導風格建立」的宣言，創新與新領導風格建立還是必須落實於平日的管理與領導中，否則宣言只是宣言，表演也僅止於被欣賞，歡笑聲後，一切又恢復原狀。

資源來源：李宜萍，管理雜誌，第 356 期，P24

心靈劇場

一、就自己印象，請扮演以下以位領導者，並分享其領導特質與觀點？

1. 蘇貞昌
2. 馬英九
3. 曹興誠
4. 郭台銘
5. 殷琪
6. 比爾蓋茲
7. 菲奧莉娜
8. 宗才怡

二、請二組同學分別扮演女性主管與男性主管的領導差異，可自由發揮？

三、探討面對不同年齡層的員工，具領導方式之差異？

1. 七年級生（七十年代出生）
2. 六年級生（六十年代出生）
3. 四、五年級生（四～五十年代出生）

自我省思

1. 你覺得自己是領導人才嗎？你又有哪些成功的領導經驗？
2. 「領導」難嗎？請為領導下一句定義？
3. 你現在的上司是好的領導者嗎？他（她）有哪些長才或缺點嗎？
4. 你覺得領導者與管理者最大不同在哪裡？

職｜場｜話｜題

體力＋腦力：組織領導如登高山

週休二日去爬山吧！在爬山的過程中，所見的景物與所付出的努力，都能讓人體會組織領導的道理，驗證在工作上，你就是個優秀且得人心的領導者。

了解山的特性，才能登頂

每一個人在組織中的升遷，就如同在爬山一般。有人爬得慢，有人爬得快；有的人到得了頂點，有的人可能只爬到山腰，原因有很多，除了自身的努力之外，組織文化也具有影響力，例如，升遷是以年資為標準，或是以能力為最主要優先考量。

每一座山都有不同的特點，若是想要征服山巔，除了具備齊全的裝備之外，還要清楚了解這座山的特性，哪裡是屬於危險的地帶、有哪些路徑等。

爬山理論還可以用來解釋管理者與部屬之間的困境；部屬總是認為居上位的管理者不懂他們的心。

照理說，每一個管理者都是由基層做起，然後一步一步向上爬升。當我們從山腳開始往上爬，每晉升一個階級，所見的景色就會不一樣。

漸漸地，當開始不斷累積人脈、技術、能力與資源時，所處的位置也許是山腰甚至是更上層。此時離山頂越來越近，離起點越來越遠。也就是說，對於基層的付出與渴望開始模糊了視線，也許是因為真的太遠，更也許是因為我們不願意再低下頭，或是回頭再望。因眼界所及的視野更加遼闊，當逐漸沉浸於美景時，慾望也開始擴張。

也許是因為有更多的誘惑與慾望，更也許是因為有更多的責任與義務，因此換了一個思考與行為模式。

屹立峰頂需要智慧與勇氣

每一個階層的管理者，所面對的環境與挑戰不盡相同，因為所處的高度位置會直接影響所見到的景物。

　　若要避免「天高皇帝遠」的窘境，就必須要在組織中建立良好的雙向溝通機制，同時做到「上情下傳」與「下情上達」的順暢管道。當然，累積與建立屬於自己的人脈，也有助於了解組織中各個階層真正的情況與消息。即使不能百分之百的滿足部屬的需求，也應該要讓他們有受到重視的感覺。

　　攀爬到巔峰是勇敢的表現，但是要能持續在山峰上屹立不搖，更是需要莫大的智慧與勇氣。若是輕易受到動搖，或是只是一味地享受征服的滋味，都不可能長久。就如同在組織變革的過程中，最高的領導者必須要能習慣與忍受孤獨，而成為一位組織中的領航者。

資源來源：李弘暉、張潔如，管理雜誌，第 357 期，P56~58

一副擔子

從前有一位財主的兒子遊手好閒，好吃懶做，因此財主十分煩惱兒子的未來與前途，因此他想了一個辦法，希望能因此改變他的兒子，財主告訴他兒子說，倘若你能出外打拼賺20塊，我便給你40塊獎金，當財主兒子出門後，財主的太太深怕兒子吃不了苦，便私下偷偷塞給他20塊，天黑後財主的兒子回來了，將20塊錢交給財主，沒想到財主竟把錢丟入火中，奇怪的是財主的兒子竟無動於衷，第二天財主仍要求兒子出外賺錢，但不同的是財主的太太未塞錢，天黑後兒子只賺了6塊錢，財主把6塊錢放到油燈上，兒子一看十分著急，冒著手被燙傷的風險將6塊錢從油燈上搶了回來，此刻財主才安心下來。

正如以下的故事，有一位飼養馬匹的老爺爺經常將盛草的竹簍吊在很高的圍欄上，而不直接將草放在地上給馬吃，原因是如果將草直接放在地上，很可能草會被馬用蹄子踢來踢去而變得不成樣，如果草置入竹簍所有的馬兒都會死命的吃，直到吃光。想一想管理你的部屬，如何讓他擁有承擔的能力，又何時又能滿足他們的心理呢？

※心靈筆記※

_____

_____

_____

_____

_____

_____

_____

_____

_____

現｜場｜直｜擊

懷孕，就該被冷落嗎？

　　許多企業始終「重男輕女」，有性別歧視，即使在各方面試圖平等，但在面臨女性員工生育時，那態度可是有所不同了！美玲一直在財務部發揮極重要的角色，由於本身畢業於國立大學的財金系，同時又具有會計師執照，來公司的幾年，公司光靠她可說是過關斬將，包括上市上櫃的重要工作也都如期完成，但女人總是有結婚生子的計畫，這個月她懷孕了，年底公司進行人事異動，考慮晉升一些優秀員工，但美玲卻未在名單當中，其實大家心知肚明，有了家庭後公司會改變做法，只因為員工會主要考量家庭因素，只好另外選擇男性員工，但此次美玲，卻不是這樣想的，她認為自己在公司極需要協助的時候，盡力完成，同樣的在她最需要配合的時候公司卻冷落她，難道生育會影響前途嗎？只要我能完成目標管理，公司沒有理由不提名我。

　　面對這樣的結果美玲決定與公司爭取，將長久存在的性別歧視問題浮上台面，若你是美玲你會以哪些說法影響公司？同時若問題發生在你的身上，你能否有美玲的勇氣？若沒有妳又將如何處理這種待遇？同時，也請你討論在一般企業中的性別歧視問題有哪些？

上班族充電站

韌性應變迎戰，管理新未來

　　疫情如何復甦，彈性應變將成為關鍵因素。當疫情產生危機，如果沒有穩定原物料，人員生產力相對脆弱，進出口的貿易訂單也會大起大落。產業聚落也更需要彈性變化，敏捷的管理將是經理人管理者需要學習的課題。

　　敏捷式管理最初是由17名軟體開發師，為了回應軟體開發快速回饋、修改、升級需求。敏捷式管理後來就成為了企業產品開發專案管理的邏輯思維。客戶隨時處於在變動的狀態，專案可能隨時暫停，也可能加速啟動；預算可能也會改變。因此常極端並常態性的挑戰著工作效率，所以企業必須全修敏捷式心法：

　　策略一、授權小團隊運作。

　　策略二、員工自主實踐敏捷辦公。

　　策略三、強化內部敏捷溝通策略是引導團隊的方向。

　　敏捷讓企業持續推進，跨國企業聯合利華感受到疫情促使，消費者需求改變，洗手乳的需求暴增，沐浴乳的廠商因此擴充了防疫產品線。因此聯合利華重新調整旗下的產線，將洗手液製造商的製造廠增加到60多家，短短5個月產能提升600倍！清潔噴霧劑、洗手液消毒用品則提供65個市場，當季帶動了銷售額成長了26％。聯合利華做了許多的敏捷管理，當然聯合利華也深陷遠距工作的難題，但是他們面對疫情一願意嘗試讓企業始終保持高度市場的競爭力。

資料來源：賴筱嬋，貿易雜誌，第 363 期，P20~25

決策行為

學習目標

- 決策的含義及基本特徵。
- 決策的類型、原則以及影響決策的因素。
- 決策系統的構成要素。
- 決策的基本過程。
- 決策過程中的相關心理分析。

名人語錄 領導者就有如一位好的傳道士。

（遠東航空董事長崔湧，摘錄自 93.5.19 工商時報）
資料來源：突破雜誌第 227 期 P106

第一節 前言

在現在多元化的商業環境中，每一天、年、小時甚至每一秒都可能改變一切，還記得911恐怖事件嗎？恐怖分子一項決策徹底改變了世界，許多人的命運在當下產生了巨大的改變，領導者的一項決策，關係著眾人的未來，正指向未來的一項活動。在現實生活中，每個人都面臨著許多的決策，每項活動都貫穿著一系列的決策。對於領導者而言，決策是領導者的首要職責，正如，西蒙認為，「管理就是決策」。在他看來，整個管理都是圍繞決策的規劃制定和組織實施展開的，決策充滿在管理的各個層面、各個階段中。

西方經理人的領導風格是什麼

照片來源：https://upload.wikimedia.org/wikipedia/commons/5/51/Warren_Buffett_KU_Visit.jpg

第二節 決策之定義與原則

一、決策的定義

在20世紀30年代，美國管理學家巴納德最早將決策這一項概念引入管理理論。當時，人們認為決策就是由組織中的管理者制定對組織系統具有直接指導作用之政策活動。1947年，美國決策理論學派代表人物西蒙在《行政行為》一書中第一次系統地提出了決策理論，他認為決策是一個系統的、完整的、動態的過程。在此基礎上可以認為，決策(Decision-Making)就是組織或個人為了實現目標而擇定可行的未來活動方案的過程。

二、決策的特徵

（一）目標性

在決策中，決策與組織或個人期望達到的目標緊密地聯繫在一起，沒有目標也就無所謂決策過程。有了目標，才會有選擇的評價標準，也才會有決策過程中的控制尺度。

（二）超前性

決策是一項立足現實、指向未來的系統行為。決策者的任何一項決策行為，必須能以現實情況為基礎，決策立足於現實，但目的是為了指導組織或個人未來的活動。

（三）可行性

決策所確定的行動方案，是以一定的人力、物力和財力為基礎的。決策過程中對決策方案進行可行性分析就顯得十分必要，通過冷靜、客觀的研究和分析，進而保證決策方案的有效性、可行性。

（四）系統性

無論從動態的角度還是靜態的角度，決策都是由一個龐大的子系統組成。靜態而言，決策系統的組成包括了眾多相互聯繫、相互依存的子系統，如資訊子系統、決策子系統、執行子系統等，離開任何一個子系統的配合和支援，決策系統都將是不完整的、有缺陷的，有時甚至是致命的。從動態的角度看，決策首先是一個過程，是一系列決策行為的綜合。它沒有真正的起點，也沒有絕對的終點。因此，以這一角度來看，決策實際上是一種非零起點的，前後相繼的系統行為。所以，決策者就必須時刻關注外界變化，並適時調整原有決策方案，從而實現組織與環境的動態平衡。

三、決策的原則

決策的目的是追求組織目標的實現，而這必須立足於決策的科學性、客觀性和正確性。為了達到這一要求，決策者一般應遵循以下原則：

（一）目標必須明確

目標是否與客觀實際相符，是決策者應該解決的問題。

（二）資訊全面準確

只有在掌握全面準確資訊的基礎上進行歸納、整理、比較、選擇，才能作出科學決策。

（三）可行性

決策的實施必須具有可能性。

（四）對比選優

決策必須有幾種可供選擇的方案，才能從中選優。

（五）掌握集體決策原則

四、決策的影響因素

決策的質量和可接受性是衡量決策科學性和有效性的重要指標。從理論上講，要保證實際決策的質量和可接受性，必須保證目標選定、方案擬制、抉擇選優的正確性。然而，現實的決策中卻有眾多的因素影響和制約決策者的選擇和決斷，有時甚至比決策原則和方法的影響還大。根據它們與決策者的關係而言，可以區分為客觀因素和主觀因素兩大類。

（一）客觀因素 (Objective Factors)

客觀因素是決策過程中外在於決策者而對決策產生制約和影響的因素系統，包括：決策環境、過去決策、決策技術等因素。

1. 決策環境

決策環境按其對決策行為影響的直接程度可分為內部環境和外部環境。內部環境指的是整個組織的內部狀況，如組織文化、領導體制等。外部環境是組織以外影響決策的要素系統，它具有極大的概括性和普遍性，一般而言，決策所面臨的一切政治、經濟、社會、文化等因素都可以稱之為外部環境因素，此外還包括自然環境，這些因素組合群，由於時間、地點、條件不同，或輕或重都對決策發揮著其固有的制約和限定作用。

2. 過去決策

　　組織的決策要脫離過去決策及其遺留的狀況是不現實的，它只能是基於過去決策的一種決策。一般而言，過去決策對當前決策的制約程度受過去決策與現任決策者的關係而定。如果過去決策本身是由現任決策者制定，則現任決策者的新決策傾向於把大部分資源投入到過去方案的執行中；相反，如果現任決策者與組織過去的重大決策沒有很深的淵源關係，那麼就易於作出具有重大變革意義的重新決策。

3. 決策技術

　　決策過程中使用的決策手段和方法對決策的質量有著重要的影響。在經驗決策時代，決策形式主要表現為個人決策，依靠個人的直覺判斷和生活經驗作出抉擇，而決策的成功與否，則主要取決於決策者的經驗、閱歷是否豐富，知識、能力是否淵博，機智、膽略是否過人。在科學決策時代，各種先進的決策手段和方法不斷湧現，例如線性規劃、實驗類比，德示菲法等。在決策過程中，先進的決策技術有助於人們及時準確地收集和處理資訊，科學、全面地思考和擬制方案，客觀、最優地分析和選擇方案，從而有效地實現決策的科學化。

（二）主觀因素 (Subjective Factors)

　　主觀因素指的是決策者自身的素質和狀況。影響決策的主觀因素一般包括：知識結構、能力水平、風險精神等。

蘋果執行長賈伯斯的領導特質為何

照片來源：https://upload.wikimedia.org/wikipedia/commons/e/e5/Steve_Jobs_WWDC07.jpg

1. 知識結構

決策者是整個決策系統中表現主觀意志的要素。因此，決策者的知識結構、智慧水準對於決策質量有至關重要的影響。就個體而言，每個人的質資、經歷、學識各不相同，這就決定了個人特有的知識結構：有的人在這方面的知識比較突出，有的人在那方面的知識相對凸顯。就決策團體而言，知識結構是團體成員智力、學識、經歷等要素的有機結合，它決定著該決策團體的決策素質與決策水平。決策團體的知識結構儘管在理論上有較理想的標準，然而由於社會背景、文化氛圍、實踐方式等差異而實際地存在著各具特色的優勢和不足。知識結構的不完整性的存在，就必然限制著決策者在行動方案的制定、實施後果的預見和不同方案的評判等方面的能力，進而影響決策的效果和質量。

2. 能力水平

能力通常是指完成一定活動的本領，決策者的能力水平是決策者在先天稟賦的基礎上，通過後天的學習和實踐獲得的德、才、學、識的總和，是決策者從事決策活動必須具備的基本條件。對於個體來說，心理學研究證明每個人的能力水平都是不一樣的；至於決策團體，其能力結構也具有自身的特色。能力水平和結構的不一致，必然導致決策的不一致，尤其是預見能力、設計能力、決策能力的差異，在很大程度上決定著決策的效果。

3. 風險精神

決策者在決策過程中所處的特殊地位，要求決策者具有不同於一般人的特殊的心理素質，其中一個重要的方面就是應該擁有創新的風險精神。在實際工作中，領導者、決策者經常會碰到新問題，唯有創新思維銳意進取，才會開拓一個新的境界。決策本身就是一種具有創新性的活動，是以變革現狀為目的的，同時又是人們確定未來活動方案的行動，由於人們對未來的認識能力有限和環境的無限變動性，決策必須冒一定程度的風險。此時，決策者對待風險的不同態度就會影響決策方案的選擇：願意承擔風險的決策者，通常會在被迫對環境作出反應以前就已採取進攻性的行動；而不願承擔風險的決策者，通常只對環境作出被動的反應。

職｜場｜話｜題

執行長換人是福還是禍？

企業CEO來來去去，有時是因績效不佳，有時是因組織改革，不論哪一種原因，CEO畢竟是企業的靈魂與舵手，更換人選總有影響，是好是壞，端視時機與企業狀況而定。

麥當勞(McDonald's)上任不到15個月的執行長(CEO)坎塔魯波(Jim Cantalupo)，好不容易將麥當勞績效提振、轉虧為盈，但人算不如天算，這位優秀且老資格的執行長（他在麥當勞曾服務過30年），敵不過天命，今年的4月19日，他在工作場合中因心臟病突發而去世，麥當勞股標當天狂跌3.68%。

4月21日，素有「台灣玉米先生」美譽的中日集團總裁林坤鐘，也因心臟病併發腸胃道出血而去世。這兩起突如其來的惡耗，對企業來說，簡直就是晴天霹靂！

突然失去CEO，企業就像失根的浮萍，面對群龍無首的緊迫情況，此時企業危機處理的能力必須夠強，同時平時應培養的接班人，也要有能夠即刻上位、讓企業與投資人回歸穩定的能力：這樣，才捱得過這險關。

當然，企業失去他們的CEO，因故身亡不是主要的原因，還有許多其他的因素，可能是CEO績效不佳、人事紛爭、組織改革、自然退休等等原因。但畢竟CEO是企業的靈魂與舵手，傷了或少了他們，對企業來說，傷害是必然的，但CEO去職有時對企業來說反而是好事。

究竟CEO去職換人，對企業來說到底是好還是壞？是福還是禍？這是一個值得認真思考的課題。

CEO 去職，企業七大傷

奇異在2000年11月，由威爾許宣布伊梅特(Jeffery R. Immelt)成為他的繼任者，沒想到這個人事命令一頒布，即造成奇異高層紛紛去職，包括麥克納尼(James McNerney，奇異飛機引擎公司的總經理)及納德利(Robert Nardelli)等三位事業群CEO

相繼去職。麥克納尼進入3M，納德利則被家庭補給站(Home Depot)挖角，此舉造成了奇異內部與外部的重大創傷。

　　CEO是企業最主要的核心，有時CEO個人的成敗甚至常被視為該企業的成敗，而當CEO離職時，企業本身會遭遇到的傷害有以下7種：

一、公司內部人事向心力、忠誠度的瓦解。

二、公司內重要的員工可能跟隨離職。

三、新CEO對新環境的適應待觀察。

四、影響主要顧客對公司的信心。

五、導致商譽受損及股價暴跌的窘境。

六、競爭者可能在此時利用任何機會切入市場。

七、領導風格與企業文化遭受挑戰，例如獎勵制度、授權習慣等。

資料來源：遲嫻儒，管理雜誌，第 359 期，P34~36。

─ 心 靈 小 站 ─

成 長

　　一位青年在深山打獵時，在山邊發現鷹巢，同時也捉到了一隻幼鷹，他便把幼鷹帶回家，養在雞籠中，這隻幼鷹每天與一群雞啄食、嬉戲與休息，很好玩的是牠將自己當做一隻雞，等到幼鷹漸漸長大，羽翼日漸豐盈，青年想將牠訓練成一隻獵鷹，結果可能是牠終日與一群雞生活的關係，牠已變得與雞一樣，根本忘了「飛」這項本能，試了許多方法都沒有效，最後青年將鷹帶到山崖頂上，瞬間將鷹丟下去，這隻鷹像石頭一樣直落下去，而這隻鷹在一陣慌亂中，竟飛了起來，牠找到生命的力量成了一隻真正的老鷹。

　　看了這一隻老鷹，想想你在雞籠的生活，是否無法發揮呢？或者你根本不明白自己的角色與本能。

※心靈筆記※

_____

_____

_____

_____

_____

_____

_____

_____

_____

_____

第三節　決策系統

一、決策的基本過程

　　決策是一種有組織、有計畫的人類活動，由於客觀世界的複雜性，不同類型的決策在程式和步驟方面可能不都相同，但在實踐經驗和理論研究的基礎上，人們仍然發現決策的總體過程具有共同的特點。美國決策理論學派代表人物西蒙借助心理學的研究成果，對決策過程進行了科學的分析，概括出至今仍沿用不衰的新決策過程理論。西蒙認為，領導決策的整個過程共包括四個順序相連的主要階段：情報階段、設計階段、抉擇階段和審查階段，各階段各有自己的任務要求和活動特點。

（一）情報階段

　　情報階段是決策過程的起始階段，它的主要任務就是發現問題、確定目標，為制定決策打下良好的現實基礎。

　　問題是決策的起點。任何組織的進步、管理的發展都是從發現問題開始，進而作出變革來實現的。就決策來說，發現問題，確定目標絕不是可有可無的事，否則，一切形式的決策都會成為一句空話。這裡所說的問題，從決策理論角度講，是指客觀事物的應有狀況與實際狀況之間出現的差距。發現決策問題，是領導者或決策者的應負職責。因為領導者負有領導責任，資訊回饋及時，情報資料準確，易於發現問題的關鍵所在。作為決策者，領導者應該以積極的態度，主動去收集決策資訊，從中發現問題。在決策中，除領導者發現問題外，有些問題是由群體或專家提起和發現的，但是，作為組織系統的必經程式，這些問題也必須由領導者確認後才能成為決策的起點。發現問題後，領導者得到的只是一個關於客觀事物龐雜而零亂的印象，因而，界定問題也就十分必要了。所謂界定問題，就是對決策問題的含義給予明確的說明，判定問題本身與周圍事物的關係。它的主要內容是：1.問題包含的內容及實質，2.問題發生的時間和地點，3.問題涉及的範圍和程度。

　　目標是決策的前提。領導者在發現和界定問題後，就必須在澄清問題根因的基礎上，確定決策需要處理的物件和達到的目標。一般來說，決策目標應做到含義明確、內容具體、標準統一，因為它不僅是決策的出發點，也是決策的歸宿。具體而言，在

確立目標時，領導者應保證：1.決策目標應有確定的內涵，切忌含混模糊，力求概念表達的單一性，避免執行時產生歧義；2.明確決策目標是否有附加的約束條件。一般而言，管理決策中的目標基本上都是有條件的，因此確定目標時，必須明確地規定約束條件；3.確立評估目標實現程度的具體標準，包括實現目標的期限、進度、人員、機構等，都應給出明確的數量指標；4.區分目標順序，保證優先目標，考慮重要目標，絕不放鬆次要目標，爭取各目標之間相互協助、配合默契。

（二）設計階段

設計階段(Design & Plan)是決策過程中極為重要的一環，是推動決策進程的基礎步驟。這一階段的任務就是在科學預測的基礎上擬定決策的備選方案。

設計階段的首要工作就是在決策目標的指引下進行科學預測，利用各種科學方法和技術對客觀事物的未來發展狀況進行評價和估計。為確保決策目標的正確合理，力爭決策目標的有效完成，科學預測必須深入分析存在的問題，充分估計決策物件未來的發展趨勢。科學預測十分困難，絕對準確地預測未來是不現實的，領導者及其參謀系統只能依據對客觀事物發展規律的認識，盡可能相對準確地預測未來。因此，要多角度、全方位地運用多種方法進行預測，既要定性分析，又要定量研究；既要橫向比較，也要縱向對照；既要領導權衡，又要專家論證，這樣可以將預測結果相互對比，糾正預測中可能出現的偏差。

科學預測只是對未來的估計，它的結果必須落實到現實的基礎上，形成決策所需的備選方案，因為決策的本質是選擇，而不是預測，要進行正確的選擇，就必須擁有各種備選方案。方案描述的是組織為實現目標預計採取的各種對策的具體措施和主要步驟。決策理論認為，任何目標的實現，都可以通過不同的活動和手段來進行，因而，人們擬定的方案也不應該是相同的。為了使基於方案擬定的選擇有意義，這些不同的方案應能相互替代，但必須相互排斥。在現代領導決策實踐中，方案設計是一種高度創造性的思維活動，它需要應用系統觀點對備選方案的內容、條件、問題作全面的分析，要求豐富的想像力、科學的預見性和嚴密的推斷力。因此，擬定方案的具體工作，一般由專門的智囊團、思想庫、參謀部的專家學者根據領導者的要求來進行。它的具體步驟包括：在發現差距研究問題的基礎上，根據組織任務和決策目標，提出改進設想；在此基礎上，對各種改進設想進行集中和整理，形成各種不同的初步方

案；在對初步方案進行初步的篩選和修改後，對剩餘方案進一步完成，預計其執行後果，從而形成一系列不同的可行方案。這一過程可用（圖13.1）表示如下：

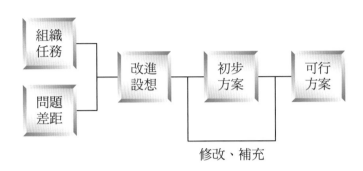

圖13.1　決策方案的產生過程

（三）抉擇階段 (Selection)

抉擇階段是決策過程最為關鍵的步驟，因為它將產生出決策的成果。該階段的主要任務就是評估方案、抉擇選優，是真正的「決策」階段。

在實際決策過程中，要進行方案選擇，首先要了解各種方案的優勢和劣勢，為此，需要對不同方案加以評價和比較，這時，首先必須建立評價標準。一般說來，價值標準、最優標準、全局標準、期望標準是必不可少的。其中：價值標準主要指決策方案的作用、效果、意義等；最優標準要求以投入最小、收益最大作為其內容，但它僅在理論上適用，實際生活中往往不易達到，決策實踐中多採用滿意標準，即只要投入和收益達到一定的滿意度即可；全局標準要求任何決策方案都應有全局觀念和戰略高度，不具全局觀的備選方案不能使用。此外，對於風險型決策，還必須建立期望值標準，根據各備選方案的期望值大小進行最優抉擇。有了評價標準，下一步的工作就是具體評估。一般而言，方案評估涉及各備選方案的完備性、科學性、可行性等內容，其中：完備性是檢驗備選方案是否具備了決策方案應具有的全部組成部分，科學性是考核決策方案內容的合理性，可行性則重點研究備選方案實施的現實可能性。一般而言，可行性評估主要集中在：是否符合客觀要求、經濟上是否可行、技術上是否還有更好方案等方面。

在上述評估的基礎上，領導者就可以選擇確定一種方案或把若干方案的綜合成一種方案，作出最具重大意義的決策行為－方案選優。方案選優是決策的核心部分，也

是一項極其複雜的工作，它不僅要求決策者要有科學的態度，而且擁有高超的決策藝術，能夠處理好統籌兼顧、反對意見、決斷魄力的問題。領導者在選定方案過程中，不僅要注意決策方案各項活動之間的協調，而且要盡可能保持組織與外界結合方式的連續性；要擺正同專家的關係，既要大膽讓專家參與決策工作，又要有自己鮮明的主見；要充分注意方案評價和選擇過程中的反對意見，尤其要尊重專家的不同看法，積極從中吸取決策所需的有效成分；要有決斷的魄力，根據自己對組織任務的理解和發展形勢的判斷，果斷選定方案，勇於承擔決策帶來的一切責任和後果。總之，選定決策方案，是領導決策的關鍵。

（四）審查階段 (Screening)

決策方案一旦定奪，也就意味著決策活動的基本結束，但智者千慮，必有一失，因而，決策程式到此並未完結，它還包括審查階段，其任務就是實施方案、追蹤決策。

領導者選定決策方案，並不是為選擇而選擇，它的根本目的是要通過實施選定的方案去實現組織的目標。因而，領導者此時的職責就是組織和指揮人員實施決策方案。首先，領導者要組織有關人員制定決策方案的具體實施計畫、措施和步驟。然後，根據實施細則落實人員、明確職責、各施其職。在此過程中，領導者要充分考慮到實施過程中可能出現的問題，準備一些防範措施和應急措施，以減少問題出現的可能性和危害性。事實

年輕的臉書創辦人Zuckerberg帶領團隊，其決策方式，也許有別於傳統

上，為了減輕具體實施過程中可能出現大的偏差，在處理一些較為複雜或重大的問題時，決策方案的實施通常採用先試點後推廣，將小範圍運作再大面積鋪開的辦法，在試點時期認真組織實施，仔細觀察總結，根據試行結果有目的地修改和完成既定的決策方案，在確信有把握的適當時機再正式全面布置實施。

在決策方案的實施過程中，有時會出現原先賴以決策的主客觀條件發生重大變化、實施既定決策將損害組織利益、原定決策有重大缺陷等情況，這時，決策者或領導者必須根據具體情況作出相應處理，要麼對決策目標進行修正，要麼對原有方案進

行改善。這個過程就是所謂的追蹤決策。一般來說，追蹤決策必須明確三點：首先，追蹤決策絕不是對原有決策的修補，而是對原來決策問題重新進行一次決策，是決策過程中的一次戰略轉移，它的結果或者是確定新決策目標，或者是設計新行動方案；其次，追蹤決策要持雙重優化原則，因為追蹤決策是在原有決策方案實施後才發生的，這種實施伴隨著人、財、物等資源的使用或消耗，同時對組織和環境都產生了實際的影響，所以，追蹤決策不可能從根本上忽略或放棄原有方案。但是，追蹤決策又是針對決策方案實施中出現的新情況、新問題做出的，因此，追蹤決策選定的方案必須要優於原有的決策方案，同時在新擬制的決策方案中選擇更優的方案，實現追蹤決策方案的雙重優化。最後，追蹤決策還必須解決心理效應問題，因為它是在原有決策已經實施而必須修正的背景下進行的，所以在評判是非的標準上，人們容易附帶有感情色彩，失去客觀公正的心態：擁護者極力擁護；反對者竭力否定。

歐巴馬在決策方向時，他所運用的決策過程如何

照片來源：https://upload.wikimedia.org/wikipedia/commons/a/a8/Obama_at_American_University.jpg

二、決策過程的心理分析

從心理學角度來看，決策過程實質上是一個心理活動過程，領導者的心理特徵、思維活動貫穿決策過程的始終。因此，對領導的決策心理進行研究和探討，對指導決策實踐具有十分重要的作用。

（一）決策過程的心理要素

決策過程中的心理要素很多，其中涉及較多的，對領導決策起重要作用的要素包括：注意、情感、意志和思維。

注意是人的整個心理活動的一個方面，它維持決策者心理活動的指向並促使這種心理活動的不斷深入。一般而言，領導決策時的注意要具有高度的自覺性，使領導者的注意時時刻刻服從於決策任務和決策目標；還要具有寬闊的廣度性，保證領導者目光遠大、統觀全局、高瞻遠矚。此外，領導者的注意還應保持持久的穩定性，它可以促使領導者在決策過程中時刻牢記活動的目標和方向，以不變應萬變。

情感是一個重要的心理活動，它對人的心理具有調節、發動等功能。在決策過程中，良好的情緒、情感能激發領導者的創造力、想像力，而消極的情緒、情感則極可能成為良好決策的心理障礙，容易導致決策者感情用事走極端，從而給組織或他人帶來不必要的損失和犧牲。

意志是決策心理中極為重要的心理過程，它在決策過程中能保證領導者自覺地確定決策目標，根據決策目標確定決策方案，支配自己的行為去克服種種困難，進而實施決策方案以實現預定目標。通常情況下，決策者意志的強弱是決策目標實現與否的關鍵所在，因為決策目標的實施從來都不是一帆風順的，只有具有堅強意志的領導者才能勇敢地面對困難，才能以頑強的毅力帶領他人為實現組織目標而努力奮鬥。

思維可以說是決策的代名詞，因為領導決策主要是一個思維過程。決策過程中，決策水平的高低取決於領導者的智慧水平，而智慧的核心就是思維力。因此，領導者應努力提高自己的思維水平，在決策中嚴格遵循思維規律，杜絕決策思維的主觀臆斷，充分發揮思維的能動作用，以保證決策的科學性和正確性。

（二）決策過程的心理調適

領導決策過程是領導者心理活動的過程，決策過程中的心理活動質量直接制約著決策的科學性，因此，領導者在決策過程中要時時調整自己的心理，保持一個良好、健康的心理狀態。一般而言，領導者在決策過程中需要進行心理調適的方面涉及資訊活動、動機衝突、方案選擇等。

決策過程中，資訊活動是決策活動的重要前提，但資訊的收集與處理比較難，特別是由於人們的虛榮心理、迎合心理、攀附心理、實惠心理等不良心態，領導者要科學、正確、及時地掌握資訊，可謂是難上加難，因此，領導者必須認真調整自己的決策心態，杜絕「上之所好，下必甚之」的現象，以敏感心理、求實心理、辯偽心理等積極、健康的心態去對待決策資訊，確保收集到的資訊能反映客觀事物的最初面目，為決策的科學性打下良好的基礎。

領導決策不僅面臨資訊活動的心理調適，還會產生決策動機的心理調適。因為在一般情況下，決策者通常都會存在各種決策動機，但由於客觀條件和主觀因素的制約，它們往往不能同時實現，迫使決策者只能從各種動機中選擇一種，從而發生決策動機衝突，令決策者左右為難、舉棋不定。決策動機衝突是領導決策活動中必然產生的一種心理現象，它無所謂好壞之別，但領導者由此而錯過良機、痛失機遇，其消極性影響就必須予以高度重視了。多數情況下，領導者如果產生決策動機衝突，一般應堅持大局觀念、長遠觀念和慎選觀念。

決策最核心的環節是方案選擇，這一步驟既是決策成果的表現部分、又是決策者心理活動最劇烈的地方，它不僅要求領導者要有正確的應付心理衝突的調節機制，還要求他們具有良好冒險精神和機遇心理。具體而言，在選定決策方案過程中，領導者的心理衝突十分嚴重，矛盾心情經常左右決策心緒，這時，領導者必須時刻牢牢組織的整體利益、長遠目標，以此為指導慎重思考。在積極聽取不同意見尤其是反對意見、思考成熟的情況下，要勇於力排眾議、正視困難、抓往機遇、及時果斷作出決策。

在管理者下決策時，傾聽員工的想法也是必要的

照片來源：https://upload.wikimedia.org/wikipedia/commons/0/01/NationalSecurityCouncilMeeting.jpg

職|場|話|題

善用數位轉型提升智慧商務的核心價值

近期的行動跟社交網路服務提升了創新的營運模式。行動支付的快速增長，也與電商成長相輔相成。未來許多的商業模式跟著數位轉型而改變。

目前，消費者在生活中因與網路脫不了關係，管理者也必須認清了解這份技術。例如：Google在2014年收購美國智慧溫控裝置公司。原來以恆溫器、煙霧警報器、攝影機為主的營收，開始販售智慧家居產品，讓美國智慧溫控裝置公司快速成長。後續又與愛爾蘭最大的電力基礎設施提供商愛爾蘭電力公司合作。

另外近年來也推出了C2B模式(consumer to business)。C2B是以消費者需求為起點，進行客製化生產與銷售。消費者參與廠商產銷合作。產銷運作流程的商業模式具備多樣少量的特色技術、特性，必須做到通路的檢驗，如增加實境AR、虛擬VR、巨量資料分析、及時支付與萬物聯網。最常見典型的模式就是預購、團購。團購透過集體預購，可集中分散在全球各地的用戶需求，讓還沒有進入生產線的產品可以根據這些需求調整生產速度，好比天貓電商平台在雙11節前預售讓營業大舉提高。

資料來源：楊迺仁，貿易雜誌，第 363 期，P44~47

心 靈 劇 場

1. 請回憶在多年前SARS來臨時，在企業間所造成衝擊，請指派三組，一組2~3人，角色分別有主管與員工，請同學上台表演。

   情況一：百貨公司已有員工疑似感染 SARS 的決策過程。

   情況二：企業在大陸有設廠，員工紛紛表達拒絕出差大陸？

2. 狂牛症來臨，原以牛肉為食材的「吉野家」，面臨重要考驗，若您是公司主管與同仁該如何安排？

自 我 省 思

1. 在一家企業中，哪些職位常需面臨決策，可否舉例說明？
2. 當你在猶豫不決時，什麼方式有助於作決定？
3. 決策與選擇有何不同？

現|場|直|擊

公司的薪水遲了一個月？

近年來，有許多外在環境的威脅，如前往大陸、SARS、狂牛症等，導致一些企業在經營上有些危機，員工最敏感的問題便是「薪水」。近來，A公司的員工私下討論著，幾個問題，如「5號你的帳戶有撥款嗎？」、「20號的獎金，好像沒有吧？」更有人連續5號、20號都沒見著薪水，不過由於A公司在業界算是龍頭，員工不敢輕忽公司的實力，但連續兩個月過去了，部分員工有些有領到薪水，但有些卻少了一個月，但大夥都沒有反應到公司高層，只是私下討論而已，但財務部的同仁表情有些凝重，一些員工都感覺有些不對，只不過沒有敢打破僵局，心想這年頭有工作就好了！偏偏在行銷部有位新來的同仁，竟直接E-MAIL到財務部詢問，沒想到一連串的問題就此發生了，原本公司考慮瘦身，想短時間先靜觀其變，但面對同仁詢問「公司是否有財務危機？」公司便藉此問題做為理由，直接公布人事調整命令，更強調公司完全沒有財務問題，若員工對公司沒有信心，公司也沒有勉強留下之意。「遲延」薪水，在現在一些企業也曾發生，至於原因，大多是大環境的影響所致，更何況許多企業紛紛結束，能正常營運正是證明公司的穩定，面對這樣的回應與人事調整，你認為合理嗎？若你的薪水遲了二個月，你會繼續在崗位上而不作表態？企業瘦身可在這個時間點上嗎？

職|場|話|題

AI人資上場

如何用人工智慧 AI 拒測員工何時去離職，真的有可能嗎？

　　全球科技大廠IBM執行長提到可能性達95%！

　　對於職場如何將科技融入，IBM全球人才管理轉行合夥人AI提到，曾經他負責將人工智慧用於IBM130000名員工的人才管理轉型。現在則是將這些經驗輸出到業界，系統如何判斷員工可能會離職。例如：員工頻繁的旅行，還有升遷比同儕慢，這些都是常見的危險徵兆。人力AI系統會分析，之後會提醒員工可能會離職，並且建議主管要採取留才方案，例如：調職，還有加薪。但人工智慧可以做的不單只是留才，包括了選、用、育、留。

　　現在已經陸續進入到這些系統，AI也能分析在企業面試的場域。企業會請員工先填寫人格特質表看看是否合乎職缺，同時AI也會分析競爭者在社群媒體的貼文內容，判斷他的類型。另外當我們選用人才，之後AI可以當個人職涯教育推薦系統。分析公司優秀員工的技能，同時推薦相同職位的員工去學習類似的技能。最後AI甚至可以做到主動推薦主管加薪，系統內也會評估員工表現、參加專案數、教育訓練等指標。另外，對外則和公司及產業的職缺比較薪水落差，同時也分析技能在市場上的稀少程度、類似職位的流動率等。以上AI人資神準預測，將許多不可能的任務完成！

資料來源：張庭瑜，商業週刊，第 1650 期，P60~61

參 考 書 目

1. 陳明編譯：《管理心理學101》，萬源財經資訊公司，1985年

2. 李維特著：《管理心理學》，桂冠圖書公司，1987年

3. 吳照雲：《管理學》，經濟管理出版社，2000年

4. 薩爾著：《為什麼好公司會變糟》，國外社會科學文獻，2000年第2期

5. Joseph M. Putti, Heinz Weihvich, Harold Koontz著，丁慧平，孫先錦譯：《管理學精要亞洲篇》，機械工業出版社，1999年

6. 管理心理學，陳昌文等著、劉亦欣校訂，新文京開發。

7. 徐西森，連廷嘉、陳仙子、劉雅瑩著，人際關係的理論與實務，心理出版社。

8. 凱爾‧安德生(Kare Anderson)新曲編譯小組，溝通大師談化解衝突。

9. 黃潤之著，小故事大道理系列「做人篇」、「誠信篇」等，培育文化。

10. Jerald Greenberg, Robert A‧Baron:Behavior in Organizations, Prentice-Hall Inc, 1997

11. Wayne F. Casio, Applied Psychology in Human Resource Management, Prentice-Hall Inc. 1998

12. Stephen P. Robbins,Organizational Behavior: Concepts. Controversies. Applicat-ions, Prentice-Hall Inc. 1997

13. Peter M. SengetheFifth Discipline: the Art and Practice of the Learning Organization, Century Business, U. K, 1990

14. 104玩數據：〈回不去了，實體辦公，疫後混合工作時代，如何留才又留心？〉能力雜誌，NO.787，P12~15，2021年9月

15. 曾欣儀：〈混合職場疫後拚成長，動態績效管理〉。能力雜誌，NO.787，P30~33，2021年9月

16. 周尚勤：〈工作誠可貴生命價更高400萬人離職潮，混合辦公即刻救援〉，能力雜誌，NO.787，P34~38，2021年9月

17. 洪贊凱：彰師大人力資源管理研究所所長洪贊凱，OKR+360度回饋，避開績效管理盲點。能力雜誌，NO.787，P40-44，2021年9月

18. 陳玉鳳：〈轉變思維 打造遠距企業力〉，貿易雜誌，363期，P14~19，2021年9月

19. 賴筱嬋：〈韌性應變，迎戰「管理」新未來〉，貿易雜誌，363期，P20~25，2021年9月

20. 楊迺仁：〈善用數位轉型，提升智慧商務核心價值〉，貿易雜誌，363期，P44~47，2021年9月

21. 賴筱嬋：〈放眼世界，一探遠距商戰藍圖〉，貿易雜誌，363期，P8~12，2021年9月

22. 王冠珉：〈疫情下企業學習潮那些課程最夯？〉，天下雜誌，2021.08.11，P118~119，2021年9月

23. 張彥文：〈各行各業防疫大戰略，因應疫情各有高招，看百大CEO的危機處理〉，哈佛商業評論，P50~51，2021年9月

24. 張庭瑜：〈AI人資上場！IBM神預測誰想離職〉，商業週刊，2019.06，P60~61，2021年9月

索引

MEMO

MEMO

國家圖書館出版品預行編目資料

管理心理學:實務與應用/劉亦欣編著.--四版.--新北市：
新文京開發出版股份有限公司, 2021.12
面；　公分

ISBN　978-986-430-797-5（平裝）

1. 管理心理學

494.014　　　　　　　　　　　　　　　110020226

管理心理學－實務與應用（第四版）　（書號：PS010e4）

編 著 者	劉亦欣
出 版 者	新文京開發出版股份有限公司
地　　址	新北市中和區中山路二段 362 號 9 樓
電　　話	(02) 2244-8188（代表號）
F A X	(02) 2244-8189
郵　　撥	1958730-2
初　　版	西元 2007 年 01 月 10 日
二　　版	西元 2010 年 09 月 05 日
三　　版	西元 2017 年 02 月 10 日
四　　版	西元 2022 年 01 月 01 日

New Wun Ching Developmental Publishing Co., Ltd.

New Age · New Choice · The Best Selected Educational Publications — NEW WCDP

新文京開發出版股份有限公司

NEW
WCDP

新世紀・新視野・新文京 — 精選教科書・考試用書・專業參考書